Kooperation im Destinationsmanagement:
Erfolgsfaktoren, Hemmschwellen, Beispiele

SCHRIFTENREIHE DES IMT 10

Schriftenreihe des Instituts für
Management und Tourismus

Herausgegeben von Christian Eilzer,
Bernd Eisenstein und Wolfgang Georg Arlt

Bernd Eisenstein / Christian Eilzer / Manfred Dörr (Hrsg.)

Kooperation im Destinationsmanagement: Erfolgsfaktoren, Hemmschwellen, Beispiele

Ergebnisse der 1. Deidesheimer Gespräche zur Tourismuswissenschaft

Bibliografische Information der Deutschen Nationalbibliothek
Die Deutsche Nationalbibliothek verzeichnet diese Publikation
in der Deutschen Nationalbibliografie; detaillierte bibliografische
Daten sind im Internet über http://dnb.d-nb.de abrufbar.

ISSN 2194-0002
ISBN 978-3-631-66117-8 (Print)
E-ISBN 978-3-653-05621-1 (E-Book)
DOI 10.3726/978-3-653-05621-1

© Peter Lang GmbH
Internationaler Verlag der Wissenschaften
Frankfurt am Main 2015
Alle Rechte vorbehalten.
PL Academic Research ist ein Imprint der Peter Lang GmbH.

Peter Lang – Frankfurt am Main · Bern · Bruxelles · New York · Oxford · Warszawa · Wien

Das Werk einschließlich aller seiner Teile ist urheberrechtlich geschützt. Jede Verwertung außerhalb der engen Grenzen des Urheberrechtsgesetzes ist ohne Zustimmung des Verlages unzulässig und strafbar. Das gilt insbesondere für Vervielfältigungen, Übersetzungen, Mikroverfilmungen und die Einspeicherung und Verarbeitung in elektronischen Systemen.

Diese Publikation wurde begutachtet.

www.peterlang.com

Vorwort

Zusammenarbeit zur gemeinschaftlichen Erfüllung von Aufgaben wie die Durchführung gemeinsamer Aktivitäten zum Nutzen der beteiligten Partner ist zur Regel statt zur Ausnahme im täglichen (Wirtschafts-)Leben geworden. Die Motive für das Eingehen von Kooperationen und die Formen der Ausgestaltung können dabei vielfältig sein und sich in einem weiten Kontinuum bewegen. Nicht zuletzt deshalb sind Kooperationen kein neues Phänomen in der Forschung; im Gegenteil: die Forschung zu Kooperationen wird umfangreich von verschiedenen Disziplinen und Perspektiven beleuchtet.

Die Vielzahl der möglichen Facetten und Untersuchungsgegenstände, die im Zusammenhang mit Kooperationen behandelt werden können, spiegeln sich in den verschiedenen verwendeten Definitionen des Begriffs in der wissenschaftlichen Literatur wider. Etymologisch geht der Begriff auf das Lateinische „cooperor" zurück und kann mit „mitarbeiten, mitwirken" übersetzt werden (vgl. Georges 1998). Gemeinsam ist vielen Definitionsansätzen, dass sich Kooperationen durch rechtliche und wirtschaftliche Unabhängigkeit der beteiligten Partner sowie eine Vereinbarung zur Durchführung gemeinsamer Aktivitäten auszeichnen. Die vielfältigen definitorischen Ansätze sind nicht nur Resultat des Facettenreichtums der Thematik, sondern auch Ausdruck der Dynamik, mit der sich das Thema in Anbetracht wandelnder Rahmenbedingungen entwickelt. Zu beobachten ist dies zudem dadurch, dass sich sprachlich ähnlich gelagerte Begriffe wie beispielsweise „Allianzen", „Netzwerke", „joint ventures" oder „competitive collaboration" für das Phänomen entwickelt haben, auch wenn diese nicht durchgehend als Synonyme zum Begriff der Kooperation zu verstehen sind.

Zur täglichen Praxis sind Kooperationen auch in der Tourismuswirtschaft geworden. Hotelkooperationen, Allianzen im Luftverkehr oder Zusammenarbeiten zwischen Reiseveranstaltern und Zielgebietsagenturen sind nur einige Beispiele. Von elementarer Bedeutung ist ein gemeinsames Wirken in besonderer Weise in touristischen Zielgebieten, in denen sich das vom Gast wahrgenommene Produkt in der Regel aus einer Vielzahl von Teilleistungen verschiedener Leistungsträger zusammensetzt. Ein kooperatives Vorgehen in den Destinationen hat dabei in einer sich verschärfenden Marktdynamik bereits in den letzten Jahren an Bedeutung gewonnen und kann auch zukünftig als ein strategischer Erfolgsfaktor für eine Erfolg versprechende Positionierung der Destination am Markt angesehen werden.

Das Thema „Kooperation in Destinationen" steht im Fokus des vorliegenden Sammelbandes. Herausgestellt werden dabei vor allem Vorteile, die sich aus

Kooperationen für Destinationen und teilnehmende Partner ergeben. Eisenstein/Koch führen in das Thema ein und stellen dabei Hemmschwellen der kooperativen Destinationsentwicklung sowie Lösungsansätze zu deren Überwindung dar. Göttel fokussiert in ihrem Beitrag Herausforderungen und Erfolgsfaktoren grenzüberschreitender Kooperationen. Als Instrument der Zusammenarbeit innerhalb einer Destination stellt Trimborn die Kooperationsherausforderungen und den Ansatz einer destinationsweiten Gästekarte vor. Die Zusammenarbeit verschiedener Destinationen steht bei Dörr/Wemhoener im Fokus, die das Cittaslow-Netzwerk am Beispiel der Stadt Deidesheim vorstellen. Zum Thema „Cittaslow" gibt zudem Reif in seinem Beitrag einen Einblick zu Erkenntnissen aus der Marktforschung. Horster zeigt anhand von Ansätzen der Netzwerktheorie auf, wie Unternehmen von digitalem Meinungsführermanagement profitieren können. Wie das Miteinander im Destinationsmanagement gefördert werden kann, stellt Simoneit in seinem Beitrag dar.

Entstanden ist dieser Sammelband – passend zum thematischen Fokus des Bandes – im Rahmen einer Kooperation. Im Jahr 2013 schlossen die Fachhochschule Westküste (Institut für Management und Tourismus), die Stadt Deidesheim und die Tourist Service GmbH Deidesheim eine Kooperationsvereinbarung mit dem Ziel, Synergien auszuschöpfen und für die eigene Arbeit nutzbar zu machen. Ein Bestandteil war dabei die Initiierung und Durchführung der „Deidesheimer Gespräche zur Tourismuswissenschaft" als Instrument zur Intensivierung des Wissenstransfers zwischen Lehre/Forschung und Praxis. Die „1. Deidesheimer Gespräche zur Tourismuswissenschaft" haben im Zeitraum vom 30. Oktober 2013 bis zum 01. November 2013 stattgefunden. Teilgenommen haben für die Stadt Deidesheim Bürgermeister Manfred Dörr und Stefan Wemhoener (Tourist Service GmbH Deidesheim), seitens des Instituts für Management Tourismus Prof. Dr. Bernd Eisenstein, Prof. Dr. Eric Horster, Prof. Dr. Anja Wollesen, Christian Eilzer, Sonja Göttel, Julian Reif und Frank Simoneit. Zudem gehörten Prof. Dr. Björn Christensen (Fachhochschule Kiel), Frank Ketter (Wirtschaftsförderungsgesellschaft Nordfriesland mbH), Christian Rast (ift Freizeit- und Tourismusberatung GmbH) und Ralf Trimborn (inspektour GmbH) zum Teilnehmerkreis der „1. Deidesheimer Gespräche zur Tourismuswissenschaft". Der vorliegende Sammelband ist ein Ergebnis dieser Gespräche.

Christian Eilzer (IMT der Fachhochschule Westküste) und
Rüdiger Günther (Kanzler der Fachhochschule Westküste)

Literaturverzeichnis

Georges, K. E. (1998): Ausführliches lateinisch-deutsches Handwörterbuch. Darmstadt (Nachdruck der Ausgabe 1913, Hannover). Band 1. Spalte 1677.

Inhaltsverzeichnis

Bernd Eisenstein und Alexander Koch
Kooperative Destinationsentwicklung:
Grundlagen – Nutzen – Hemmschwellen 9

Sonja Göttel
Chancen und Herausforderungen grenzüberschreitender
Kooperationen im Tourismus 61

Frank Simoneit
Beziehungspflege im Destinationsmanagement:
Können Kommunen sich verlieben? 85

Eric Horster
Stars und Sternchen im Social Web:
Kooperationsmöglichkeiten mit digitalen
Meinungsführern im Tourismus 97

Ralf Trimborn
Kooperationsherausforderungen bei
der Realisierung einer Gästekarte 113

Manfred Dörr und Stefan Wemhoener
Kooperationen von kleinen und mittleren Städten:
Die Vereinigung Cittaslow am Beispiel der Stadt Deidesheim 139

Julian Reif
Kooperation gegen die Beschleunigung:
Das Reiseverhalten in deutsche Cittaslow-Städte 153

Autorenverzeichnis 173

Bernd Eisenstein und Alexander Koch

Kooperative Destinationsentwicklung: Grundlagen – Nutzen – Hemmschwellen

1. Touristische Destinationen als strategische Netzwerke co-produzierender Akteure

Der folgende Artikel möchte darlegen, dass es sich bei Destinationen um strategische Netzwerke handelt, deren Weiterentwicklungserfolg in der Regel wesentlich von der Fähigkeit der Beteiligten zur dauerhaften Kooperation abhängt. Neben der Differenzierung der Netzwerke nach Kooperationsrichtung und -ebene wird zunächst verdeutlicht, welche Vorteile und Nutzen die an den Netzwerken zur kooperativen Destinationsentwicklung Beteiligten verfolgen, bevor ausgewählte Ergebnisse der Erfolgsfaktoren-Forschung zu Kooperationen und Netzwerken dargestellt werden. Darauf aufbauend werden zentrale Hemmschwellen der kooperativen Destinationsentwicklung erläutert, nicht ohne auch auf deren Folgen und auf potenzielle Lösungsansätze einzugehen.

Der tourismuswissenschaftliche Diskurs hat ein differenziertes Verständnis von touristischen Destinationen herausgebildet, das sowohl nachfrage- und prozessorientierte als auch netzwerktheoretische Perspektiven vereint. Dabei erfährt die folgende an die UNWTO (vgl. 1993, 22) angelehnte Definition von Bieger/Beritelli gegenwärtig wohl am meisten Anerkennung, welche zugleich als Ausgangspunkt für weiterführende Erläuterungen dienen soll. So wird eine Destination als

„[g]eographischer Raum (Ort, Region, Weiler) [definiert], den der jeweilige Gast (oder ein Gästesegment) als Reiseziel auswählt. Sie enthält sämtliche für einen Aufenthalt notwendigen Einrichtungen für Beherbergung, Verpflegung, Unterhaltung/Beschäftigung. Sie ist damit die Wettbewerbseinheit im Incoming Tourismus, die als strategische Geschäftseinheit geführt werden muss." (2013, 54)

Demzufolge entsteht eine Destination aus der Perspektive des Touristen und dient ihm als Reiseziel für einen zeitlich befristeten Aufenthalt zur Befriedigung seiner damit verbundenen Bedürfnisse (vgl. Eisenstein 2014, 13). Der räumliche Zuschnitt der Destination ist dabei abhängig von der Wahrnehmung des Gastes und kann beispielsweise zwischen einem Ort, einer ganzen Region, einem Land oder auch einer Ländergruppe variieren (vgl. Bieger/Beritelli 2013, 53).

Zur Befriedigung seiner Bedürfnisse nimmt der Tourist ein Bündel aus komplementären Sach- und Dienstleistungen in Anspruch, welches er vorrangig in seiner Gesamtheit als das eigentliche Produkt wahrnimmt, wodurch die ohnehin bereits vorliegende Interdependenzbeziehung der einzelnen Bestandteile des Leistungsbündels verstärkt wird. Als übergreifende Wettbewerbseinheit steht die Destination in Konkurrenz zu anderen Reisezielen, die dem potenziellen Besucher ebenfalls als ganzheitliche produktliefernde Einheiten zielgruppen-adäquate Leistungsprogramme offerieren. (vgl. Eisenstein 2014, 13)

Abbildung 1: Dienstleistungskette im Tourismus[1]

vorher		vor Ort						nachher	
Information/ Reservation	Reise	Info vor Ort	Verpflegung	Beherbergung	Transport	Aktivität/ Animation	Unterhaltung	Abreise	Nachbetreuung
Tourist-Informationen dere Betriebe	Bus Bahn Flugzeug Privatauto	Tourist-Information andere Betriebe	Restaurants Hotels Snack-Bars	Hotel Ferienwohnung Jugendherberge Ferienheim Camping	Bergbahnen Schifffahrt Bus	Skilift Sportcenter	Bars Diskotheken Theater Kino	Bus Bahn Flugzeug Privatauto	alle Betriebe

Das Leistungsbündel der Destination wird dabei von einem Netzwerk privatwirtschaftlicher Unternehmen bereitgestellt, welches durch öffentliche Leistungsbestandteile ergänzt wird (vgl. Eisenstein 2014, 112, 120; Laux 2012, 15). Eine prozessorientierte Systematisierung dieser kooperativen Angebotserstellung erfolgt in der Regel als „Dienstleistungskette" (siehe Abbildung 1) oder mitunter auch als „Wertefächer" (siehe Abbildung 2) (vgl. Fischer 2009, 80-88 mit Bezug auf Flagestad/Hope 2001, 454-456; Müller 2008, 140).

Im Zusammenhang mit dieser kollektiven Co-Produktion ist besonders auf die Interdependenz zwischen den an der touristischen Leistungserstellung und der Tourismusplanung beteiligten Unternehmen und Akteuren hinzuweisen (vgl. Laux 2012, 14). So besteht im Kontext der kooperativen Destinationsentwicklung eine starke Verknüpfung zwischen dem Erfolg einzelner Unternehmen und dem Erfolg der Destination als Ganzes (vgl. Saretzki 2007, 279).

„Die touristische Dienstleistungskette ist zu vielfältig, der multioptionale Tourist zu anspruchsvoll und die Fixkosten zu hoch, als dass ein eigen-

---

1   Quelle: Müller 2008, 140.

kapitalschwaches Unternehmen alles zu bieten vermag." (Peters 2003, 38) Dabei stellt die Vernetzung der Einzelbestandteile zur touristischen Dienstleistungskette insbesondere für kleinere Unternehmen als zentralen potenziellen Mehrwert die Möglichkeit dar, an „virtueller" Größe zu gewinnen und den Handlungsspielraum zu erweitern, ohne dabei die jeweilige Eigenständigkeit und Unabhängigkeit zu verlieren. „Die touristischen Klein- und Mittelbetriebe haben in der Regel nur geringe Budgets und somit geringe Handlungsspielräume." (Pechlaner/Raich 2008, 112)

Abbildung 2: Wertefächer im Tourismus[2]

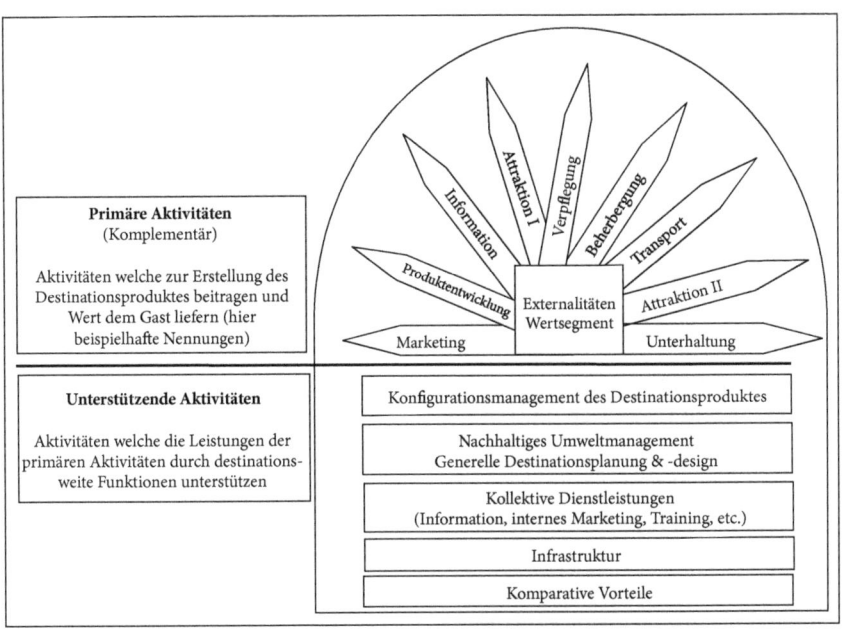

Unter Beibehaltung der Eigenständigkeit hilft die Bildung kooperativer Netzwerke, die Nachteile der Kleinstrukturierung zu vermindern (vgl. Laux/Soller 2012, 31f.; Lemmetyinen/Go 2009, 33; Ullmann 2000, 234). Unabhängig von der Größe des eigenen Unternehmens nimmt der touristische Leistungsträger in der Destination im optimalen Falle die Rolle eines „netzwerkeingebetteten Unternehmers" ein: Durch die zum Erhalt der Wettbewerbsfähigkeit der gesamten

---

2 Quelle: Flagestad/Hope 2001, 455.

Destination erforderliche Kooperation mit anderen Akteuren agiert er sowohl als Leiter des eigenen Unternehmens (Mikroebene) als auch als kooperatives Mitglied des Netzwerkes (Makroebene) (vgl. Pechlaner/Raich 2008, 112; Reiß 2001, 138).

Auf der Destinationsebene ermöglichen erst tiefgreifende Koordinationsprozesse und Kooperationsbeziehungen die Erfüllung von wichtigen Aufgaben und Funktionen einer Destination, die über die Handlungsfähigkeit einzelner Akteure und Stakeholder hinausgehen (vgl. Fuchs 2013, 87; Pechlaner 2003, 5). So wird eine Destination erst durch eine integrierte Tourismusplanung und Vernetzung der Einzelprodukte zur Entwicklung eines koordinierten Leistungsbündels und zur Bildung einer attraktiven Marke befähigt (Vgl. Laux 2012, 14 basierend auf Daskalopoulou/Petrou 2009, 779f.; Bieger 2008b, 58; Jóhanneson 2005, 137, 147).

Aus netzwerktheoretischer Perspektive können Destinationen zusammenfassend als inter-organisationale strategische Netzwerke co-produzierender rechtlich selbständiger und zugleich zu einem gewissen Grad wirtschaftlich interdependenter Akteure angesehen werden, die das Ziel der Realisierung von Wettbewerbsvorteilen[3] verfolgen. Die Zusammenarbeit der Akteure im Netzwerk ist dabei zumeist gekennzeichnet durch komplex-reziproke, kooperative und relativ stabile Beziehungen. (vgl. Laux/Soller 2012, 29; Saretzki 2007, 275-276 in Anlehnung an Sydow 1992a, 79)

Angesichts der Kooperations- und Koordinationsnotwendigkeiten im Zuge der Planung, Erstellung und Vermarktung des touristischen Leistungsbündels werden Destinationen auch als „virtuelle Unternehmen" (Bieger 2010, 136) verstanden, die zur langfristigen Sicherstellung der Wettbewerbsfähigkeit als Ganzes gemanagt und strategisch geführt werden müssen (vgl. Bieger/Beritelli 2013, 54; Flagestad/Hope 2001, 450f.). „Touristische Zielgebiete benötigen folglich eine Institution, die als zentrale Koordinierungsstelle für das vom touristischen Nachfrager als Einheit wahrgenommene Gesamtprodukt des Leistungsbündels fungiert." (Eisenstein 2014, 109)

2. Umsetzungsmodelle der übergreifenden Koordination und strategischen Steuerung

Als ein solcher „hauptsächliche[r] Träger der übergreifenden und kooperativ zu erbringenden Funktionen im Tourismus einer Destination" (Bieger/Beritelli 2013, 73) wird in der Regel eine Tourismusorganisation bzw. Destinationsmanagementorganisation (DMO) eingesetzt. Diese kann sowohl privatwirtschaftlich als auch öffentlich-rechtlich organisiert sein. Die im Rahmen der strategischen Führung einer Destination von der DMO zu erbringenden grundlegenden Funktionen

---

3 Siehe hierzu Kapitel 3 dieses Artikels.

werden nach weitgehender Übereinstimmung in die Leitbild- bzw. Planungsfunktion, die Angebotsfunktion, die Interessenvertretungsfunktion sowie die Marketingfunktion unterteilt (vgl. Bieger/Beritelli 2013, 68; Arbeitsgruppe „Neue Strukturen im Schweizer Tourismus" 1998, 32f.). Um erfolgreich am Markt platziert werden zu können, muss das Leistungsbündel der Destination koordiniert, bereitgestellt, angepasst und kommuniziert werden (vgl. Wöhler 1997, 18 verändert und ergänzt durch Eisenstein 2014, 109):

- Bereitstellung und Koordination des Leistungsprogramms: Unter der Zielstellung, die Destination touristisch zu gestalten, erfolgt die touristische Inwertsetzung des Raumes durch Entwicklung und Bereitstellung von Angeboten. Um eine möglichst umfassende Bedürfnisbefriedigung bei den definierten Zielgruppen zu erreichen, sind mittels Kombination dieser einzelnen Leistungsbestandteile sowie durch Koordination der bei der Erstellung beteiligten Unternehmen, Institutionen und Personen (vgl. Schuler 2012, 96) zielgruppenadäquate Leistungsprogramme aufzubauen.
- Kontinuierliche Anpassung des Leistungsprogramms: Angesichts der Dynamik des touristischen Marktes sind diese entwickelten Leistungsprogramme stets anpassungsfähig zu halten sowie mittels Innovationen und einer konsequenten Markt-, Wettbewerbs- und Zielgruppenorientierung kontinuierlich weiterzuentwickeln. Hierbei ist der fortwährende Gestaltungs- und Optimierungsprozess der Leistungsprogramme sowohl an den Bedürfnissen der bereits vorhandenen Gästezielgruppen als auch an zukünftig erreichbaren Nachfragepotenzialen auszurichten.
- Kommunikation des Leistungsprogramms: Weiterhin ist eine schlagkräftige Kommunikation der vorgehaltenen Leistungsprogramme gegenüber den ausgewählten Zielgruppen erforderlich, um bei diesen Kenntnis von der Existenz der kooperativ entwickelten Angebote zu schaffen und sie mittels eines kompetenzbasierten Themenmarketings von dem Potenzial für eine möglichst umfassende Bedürfnisbefriedigung zu überzeugen.

Die im Kontext der kooperativen Destinationsentwicklung wesentliche Fragestellung, wie hoch hierbei der Koordinationsaufwand der DMO ausfällt bzw. wie stark deren Steuerungsmöglichkeiten ausgeprägt sind, hängt maßgeblich von den im Zielgebiet vorherrschenden Organisationsstrukturen ab. Diesbezüglich lassen sich schematisch der Community-Ansatz und der Corporate-Ansatz unterscheiden. Da europäische Zielgebiete typischerweise nach dem Community-Ansatz organisiert sind (vgl. Eisenstein 2014, 111), wird im Zuge der folgenden Erläuterungen ein größeres Gewicht auf dieses Modell gelegt.

Für den Community-Ansatz ist kennzeichnend, dass die Erstellung der Dienstleistungskette bzw. des Leistungsbündels durch eine große Anzahl rechtlich selbständiger, kleiner und mittlerer Unternehmen erfolgt, z.B. Beherbergungs- und Gastronomiebetriebe, Freizeit- und Unterhaltungsanbieter sowie weitere Leistungsträger und deren Zulieferer. Die heterogenen Eigentumsverhältnisse in der Destination und die daraus häufig resultierende Vielfalt an Partikularinteressen erschweren in Kombination mit den über einen sehr langen Zeitraum historisch gewachsenen Angebotsstrukturen[4] die Koordination des touristischen Leistungsprogramms. (vgl. Eisenstein 2014, 111f.; Fischer 2009, 70; Socher/Tschurtschenthaler 2002, 167f.)

Abbildung 3: Community- und Corporate Modell[5]

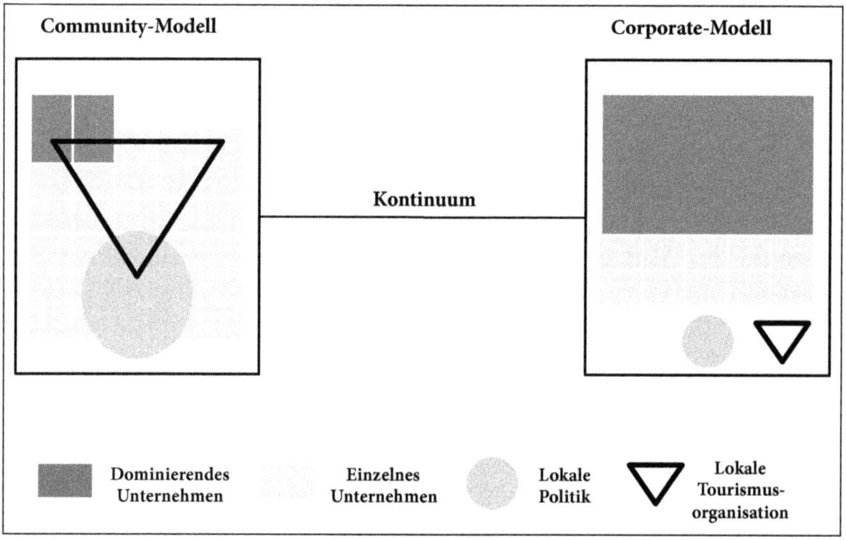

Community-Modell				Corporate-Modell	
		Kontinuum			
■ Dominierendes Unternehmen	Einzelnes Unternehmen		Lokale Politik	▽	Lokale Tourismusorganisation

Aufgrund der rechtlichen Selbständigkeit vieler Leistungsträger bleiben die Einflussmöglichkeiten der für die Koordination zuständigen Tourismusorganisation beschränkt. Vor diesem Hintergrund können diese im Rahmen des Community-Ansatzes vorrangig nur auf Maßnahmen der „weichen" Steuerung zurückgreifen. Bezüglich der im Community-Ansatz zum Einsatz kommenden Steuerungsinstrumente sind in der Praxis motivational-kommunikative Aktivitäten sowie auf Kompromissen und konsensualen Übereinkommen basierende

---

4   Zielgebiete, in denen zur Koordination der Community-Ansatz zur Anwendung kommt, werden auch als „traditionelle" Destinationen oder Zielgebiete bezeichnet (vgl. z.B. Bieger 2008a, 179; Schieban 2008, 35).
5   Quelle: Fischer 2009, 70 in Anlehnung an Flagestad/Hope 2001, 452.

Entscheidungsprozesse zur touristischen Entwicklung des Zielgebietes von großer Bedeutung (vgl. Eisenstein 2014, 112; Dettmer, et al. 2005, 36).

Abbildung 4: *Steuerungsmedien*[6]

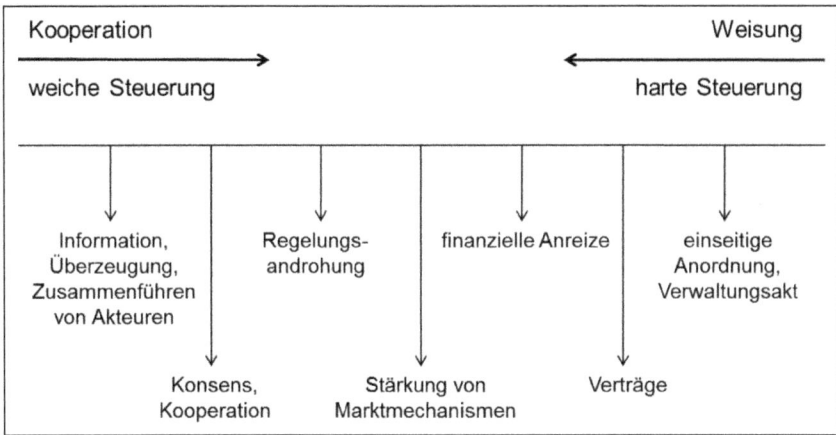

Dabei kommt erschwerend hinzu, dass sich die beteiligten Unternehmen und Interessengruppen teilweise in einem als „Coopetition" bezeichneten Spannungsfeld von Kooperation und Konkurrenz bewegen.[7] Während die Kooperation der einzelnen Akteure die unumgängliche Basis für eine möglichst hohe Wertschöpfung in der Destination bildet, stehen die an der Herstellung des Gesamtproduktes Beteiligten – und hier insbesondere Leistungsanbieter auf derselben Wertschöpfungsstufe[8] – vielfach gleichzeitig in einer Konkurrenzsituation hinsichtlich der Verteilung der erzielten Wertschöpfung um dieselben Gäste- bzw. Kundengruppen (vgl. Becher 2007, 20 mit Bezug auf Woratschek/Roth/Pastowski 2003, 255ff.). Die Gleichzeitigkeit von Kooperation und Konkurrenz kann als Charakteristikum der kooperativen Destinationsentwicklung bezeichnet werden (vgl. Thimm

---

6 Quelle: Schuppert 1989, 7 zitiert nach Messner 1995, 162.
7 Der Begriff stammt aus der Spieltheorie und setzt sich aus den englischen Begriffen „cooperation" und „competition" zusammen; siehe z.B. Brandenburger/Nalebuff 2007; Staber 2007; von Friedrichs Gränsjö 2003; Bengtsson/Kock 2000; Jansen/Schleissing 2000; Brandenburger/Nalebuff 1996. Der deutsche Begriff „Kooperenz" (zusammengesetzt aus Kooperation und Konkurrenz) findet seltener Verwendung; siehe z.B. Becher 2007, 19 und Woratschek/Roth/Pastowski 2003, 256.
8 Siehe hierzu Kapitel 4.1 dieses Artikels.

2011, 196; Wang 2008, 161; von Friedrichs Grängsjö 2003, 428). Neben weiteren wesentlichen Hemmschwellen[9] stellen demzufolge der Aufbau von Akzeptanz bei den Beteiligten für die Coopetition-Situation und die Schaffung einer Balance zwischen Kooperation und Konkurrenz im Beziehungsgeflecht der beteiligten Leistungsträger eine zentrale Herausforderung der kooperativen Destinationsentwicklung dar (vgl. Laux 2012, 14; von Friedrichs Grängsjö 2003, 428). Dabei besteht insbesondere die Gefahr, dass die Akteure der Destination sogenannten „Rationalitätenfallen" – wie z.b. dem Gefangenendilemma[10] – unterliegen können.

Im Gegensatz zum Community-Ansatz befinden sich im Falle des Corporate-Ansatzes viele Angebotselemente im Besitz eines einzelnen Unternehmens und/oder ergänzende Anbieter sind durch vertragliche Verpflichtungen an diese Unternehmen gebunden. Die Eigentumsverhältnisse in der Destination sind weitaus homogener als im Community-Fall. Unter der übergeordneten Zielstellung, wirtschaftlichen Profit zu erzielen (vgl. Fischer 2009, 71; Flagestad/Hope 2001, 445ff.), wird die Destination im Rahmen dieses Unternehmensansatzes zentral gemanagt und hierarchisch organisiert. (vgl. Beritelli/Bieger/Laesser 2007, 97f.) Diese Steuerungsform erleichtert die umfassende Koordination sowie die Strategieimplementierung zur touristischen Gesamtentwicklung der Destination, indem sie die bei der Vernetzung der einzelnen komplementären Leistungsbestandteile anfallenden Transaktionskosten[11] mit Hilfe von Weisungsbefugnissen und Durchgriffsrechten reduziert. In der Praxis findet dieser Corporate-Ansatz vielfach in Themen- und Freizeitparks, großen Ferienresorts, Ferienparks und Kreuzfahrtschiffen und auch in nordamerikanischen Skiresorts Anwendung (vgl. Eisenstein 2014, 110f.; Bieger 2010, 138; Schieban 2008, 23).

Schlussfolgernd ist der Koordinationsaufwand im Vergleich beider vorgestellten Organisationsmodelle im Falle des für den europäischen Raum typischen Community-Ansatzes wesentlich höher, um eine adäquate Abstimmung der Einzelelemente des Leistungsbündels erreichen zu können (vgl. Fischer 2009, 71). Maßgeblich hierfür sind „die aus der großen Anzahl und der Heterogenität der Anbieter resultierende Vielfalt an Partikularinteressen und die damit im Zusammenhang stehende Coopetition-Situation" (Eisenstein 2014, 113) sowie die auf „weiche" Steuerungsinstrumente begrenzten Einflussmöglichkeiten der Tourismusorganisationen.[12]

---

9   Siehe hierzu Kapitel 6 dieses Artikels.
10 Siehe hierzu Kapitel 6.5 dieses Artikels.
11 Transaktionskosten entstehen beim „Prozeß der Anbahnung, Vereinbarung, Kontrolle und u.U. Anpassung eines Leistungsaustausches" (Sydow 1992b, 255).
12 Diesen Einschränkungen stehen auch Vorteile des Community-Ansatzes gegenüber. So weist dieses dezentral organisierte Gesamtsystem im Sinne der Transaktionskostentheorie

3. Vorteile und Ziele von Netzwerken kooperativer Destinationsentwicklung

Mit dem entwickelten Grundverständnis einer Destination als ein strategisches Netzwerk co-produzierender Akteure, welches als ganzheitliche Wettbewerbseinheit durch eine DMO übergreifend geführt wird, sind bereits die grundlegenden Notwendigkeiten für die tiefgreifenden Koordinationsprozesse und Kooperationsbeziehungen im Destinationskontext verdeutlicht. Im Folgenden sollen vertiefend die möglichen Nutzen und Vorteile aufgezeigt werden, die die Partizipation am Netzwerk bzw. an der Kooperation mit sich bringen kann. Die Nutzenerwartungen an das Netzwerk und die durch die Kooperation in Aussicht stehenden Vorteile erklären letztendlich die Motivation der Beteiligten, sich zu engagieren und Transaktionskosten hierfür in Kauf zu nehmen. Als mögliche Erklärungsansätze für die Motivation zur Teilnahme an einem Netzwerk führt Saretzki (vgl. 2007, 276-279)

- einen „marktorientierten Ansatz",
- einen „ressourcenorientierten Ansatz" sowie
- die „Chancen lokaler/regionaler Vernetzung" an.

Daneben sollen sozial-psychologische Erklärungsperspektiven ergänzt werden.

3.1 Marktorientierter Erklärungsansatz

Im Falle des marktorientierten Ansatzes („market-based view") werden als entscheidungsrelevante Faktoren für das Eingehen von Kooperationsbeziehungen die dadurch möglichen Verbesserungen der Wettbewerbssituation gegenüber Konkurrenten sowie der Stellung gegenüber Lieferanten und Nachfragern angesehen. (vgl. Saretzki 2007, 277)[13]

In Bezug auf die Nachfrager streben die an der Kooperation Beteiligten nach diesem Erklärungsansatz an, die Kundenpotenziale zu vergrößern, indem beispielsweise Distributionskanäle gemeinsam genutzt oder Cross-Selling-Aktionen

---

eine höhere Flexibilität bzw. Umweltsensibilität auf, wodurch es sich schneller auf neue Entwicklungstrends anpassen kann. Für den einzelnen involvierten Leistungsträger impliziert dies vor allem auch eine größere Reversibilität der Kooperationsentscheidung. Während er die eingegangenen Kooperationsbeziehungen im Falle des Community Modells wieder relativ leicht aufheben kann, sofern sich seine konkreten Nutzenerwartungen nicht erfüllt haben sollten, wäre er beim Corporate-Ansatz durch vertragliche Verpflichtungen weitaus stärker gebunden. (vgl. Elsholz, et al. 2006, 31; Sydow 1992a, 143).

13 In Anlehnung an Scherer/Ross 1990, 5f. zum „Structure-Conduct-Performance-Paradigma" der Industrieökonomik; Porter 1995, 25-29.

entwickelt werden. Mittels kooperativ aufgebauter und betriebener Informations- und Reservierungssysteme wird auf eine Verbesserung der Kapazitätsauslastung abgezielt. Durch die gemeinsame Nutzung moderner Informationstechnologien soll die Effektivität bei der zielgruppenbezogenen Kommunikation erhöht und eine Verbesserung im Kundenbeziehungsmanagement (z.b. durch kooperative CRM-Programme) erzielt werden. Ein netzwerkweit einheitliches Qualitätsniveau bzw. gemeinsam definierte Qualitätsstandards eröffnen ggf. die Möglichkeit eines Imagetransfers. Daneben wird auf eine verbesserte Kenntnis der Kundenbedürfnisse abgezielt, da im kooperativen Verbund (gerade für KMUs bzw. kleinere und mittlere DMOs) professionelle Marktforschung leichter realisierbar ist.[14]

Der Erklärungsansatz zeigt auf, dass aus marktorientierter Perspektive durch das Netzwerk auch Vorteile gegenüber Lieferanten erzielt werden können. Hierzu zählen beispielsweise eine stärkere Kenntnis über die Beschaffungsmärkte und eine verbesserte Verhandlungsposition gegenüber den Lieferanten aufgrund der größeren Abnahmemengen und der damit verbundenen Einkaufsmachtsteigerung (z.B. regionale Einkaufskooperationen in der Hotelbranche).[15]

Schließlich soll gemäß des marktorientierten Erklärungsansatzes die Beteiligung an der Kooperation auch zu Vorteilen im Hinblick auf die Wettbewerbssituation im Allgemeinen beitragen: Hierbei liegen Ziele wie die stärkere Durchdringung bestehender Märkte (z.b. über die Nutzung neuer bzw. gemeinsam betriebener Distributionskanäle) oder die Erschließung neuer Märkte (z.B. durch Kombination komplementärer Kompetenzen; siehe auch ressourcenorientierter Erklärungsansatz) im Interesse der Netzwerkpartner. Auch die Verteilung von Kosten („Burden-Sharing-Allianzen" z.B. bei Infrastrukturinvestitionen oder Marktforschungsaktivitäten) und Risiken („Risk-Sharing-Allianzen" z.B. bei Verlust- oder Insolvenzrisiken) können wichtige Ziele für die Kooperation sein. Hinsichtlich der Kostensituation sind häufig zudem Größenvorteile („economies of scale"), Erfahrungskurveneffekte und Verbundvorteile („economies of scope") von großer Bedeutung. Durch die Beteiligung am Netzwerk können daneben die Verminderung des netzwerkinternen Wettbewerbs, der Aufbau von Wettbewerbsbarrieren gegenüber größeren Wettbewerbern und der Aufbau einer größeren Marktmacht zur Durchsetzung von Innovationen angestrebt werden.[16]

---

14 Vgl. Saretzki 2007, 277f.; leicht ergänzt mit Bezug zu Ullmann 2000, 238; verändert.
15 Vgl. Saretzki 2007, 277; verändert.
16 Vgl. Saretzki 2007, 277; in Einzelaspekten basierend auf Duschek 2001, 173-181 sowie Michel 1996, 81; verändert.

3.2 Ressourcenorientierter Erklärungsansatz

Gemäß dem ressourcenorientierten Erklärungsansatz („resource-based view") lassen sich durch den Besitz sowie die Kombination von spezifischen wertstiftenden Ressourcen dauerhafte Wettbewerbsvorteile erzielen, die von außen schwer imitierbar und substituierbar sind (vgl. Saretzki 2007, 278; Evans/Campbell/Stonehouse 2003, 396). Im Falle des daran angelehnten „competence-based view" rücken die Anzahl und Qualität der Ressourcen in den Hintergrund, während die Fähigkeiten des Unternehmens(-netzwerkes) zur Nutzung und Marktzuführung der Ressourcen bzw. Kompetenzen in den Mittelpunkt treten (vgl. Fischer 2009, 22).

Unter Anwendung dieser „Inside-Out"-Perspektive zur Sicherung der Wettbewerbsfähigkeit lassen sich mit Hinblick auf die Ressourcenbasis vielfältige Netzwerkvorteile für Tourismusunternehmen und Destinationen ableiten: So können durch eine aufeinander abgestimmte Verteilung des gemeinsamen Pools an Ressourcen und Kompetenzen Doppelgleisigkeiten in der Aufgabenerfüllung bzw. eine Zerstreuung von Mitteln vermieden werden. Der daraus resultierende Nutzen besteht in der Schaffung von Synergieeffekten, welche zu einer erhöhten Effizienz bei der gemeinsamen Zielerreichung führt. (vgl. Pechlaner/Raich 2008, 113; Ullmann 2000, 238f.) Beispielhaft hierfür können die gegenwärtig in einigen Destinationen durchgeführten Initiativen zur Optimierung der Organisationsstrukturen und -größen der DMOs angeführt werden. Hierbei übertragen z.B. kleinere Tourismusorganisationen bestimmte Aufgabenbereiche wie den Betrieb einer Reservierungszentrale oder die Durchführung (über-)regionaler Marketingmaßnahmen auf eine übergeordnete Ebene, da diese dort effektiver bearbeitet werden können, um sich im Gegenzug verstärkt auf die eigenen Kernkompetenzen und zentralen Aufgaben konzentrieren zu können.

Neben der effizienteren Zuordnung von Ressourcen haben Netzwerke auch das Potenzial, zusätzliche Kapazitäten und Kompetenzen für die beteiligten Kooperationspartner zu schaffen. (vgl. Pechlaner/Raich 2008, 116; Genosko 1999, 49) So kann der bereits beschriebene Gewinn an „virtueller Größe" auf praktischer Ebene beispielsweise durch eine Flexibilisierung der in der Tourismusbranche besonders wichtigen „Ressource" Personal realisiert werden, z.B. durch kooperativ entwickelte Angebote im Aus- und Weiterbildungsbereich oder durch Job-Pools (Netzwerk-Belegschaften) (vgl. Saretzki 2007, 278).

Darüber hinaus stellen sich durch die Vernetzung der Einzelbestandteile des Leistungsprogramms im Sinne einer zielgruppenadäquaten Zusammenführung der komplementären Kompetenzen ressourcenerzeugende Netzwerkeffekte auch auf der Ebene der gesamten Destination ein. Entsprechend wird erst durch eine umfassende Kooperation der Akteure eine gemeinsame Angebots- und

Markenentwicklung mit Skalen- und Verbundeffekten ermöglicht (vgl. Pyo 2012, 89; Zehrer/Raich 2012, 103; Schuckert, et al. 2011, 175).

Schließlich bilden auch Wissen bzw. Know-how eine spezifische Form von Unternehmens- und Destinationsressourcen ab, die einen maßgeblichen Einfluss auf die Wettbewerbsposition der Destination haben. Diesbezüglich bietet Netzwerkarbeit umfassende Möglichkeiten zum Erfahrungsaustausch und Know-how-Transfer zwischen den Kooperationspartnern. Auf diese Weise können entscheidungsrelevantes Wissen der Destination zusammengeführt, interorganisationale Lernprozesse gefördert und damit das Innovationspotenzial gesteigert werden. (vgl. Liebhart 2007, 304; Saretzki 2007, 278; Raich 2006, 113)

3.3 Erklärungsansatz basierend auf lokaler/regionaler Vernetzung

Des Weiteren wird aus Perspektive der regionalökonomischen Forschung der lokalen bzw. regionalen Vernetzung von Unternehmen eine hohe Bedeutung beigemessen („local-based view"). In diesem Kontext wird die für Kooperationen in Destinationen charakteristische räumliche Nähe als wettbewerbsrelevant eingestuft („proximity matters") und zugleich der Mehrwert der sozio-ökonomischen Einbettung der Unternehmen in die lokale Kultur betont. (vgl. Saretzki 2007, 279)

So bietet sich im Rahmen sogenannter „regionaler Netzwerke" die Möglichkeit, durch die Kombination komplementärer Kompetenzen gemeinsam regionale Kernkompetenzen zu entwickeln, die von konkurrierenden Destinationen schwer imitierbar, im besten Falle gar alleinstellend sind (vgl. Bachinger/Pechlaner 2011, 4; Saretzki 2007, 279). Hierdurch können die bereits in Kapitel 3.1 angeführten Markteintrittsbarrieren für Konkurrenzdestinationen aufgebaut werden. Beispielsweise können mittels regionaler Vernetzung besondere kulturelle Potenziale des Zielgebiets besser ausgeschöpft werden. Mitunter schafft dies zugleich Mehrwerte für weitere regionale Stakeholder-Gruppen im Kooperationsgebiet (positive Netzwerkexternalitäten; vgl. Pechlaner/Raich 2008, 117).

Ferner wird durch das gemeinsame Handeln innerhalb einer Region auch die Kommunikationskultur verbessert und Sozialkapital aufgebaut (vgl. Fuchs 2013, 88; Fuchs 2006, 58). Als Vorteil hierfür bietet die regionale Nähe eine erhöhte Wahrscheinlichkeit von persönlichen Kontakten zwischen den Kooperationspartnern. Dies kann den Vertrauensaufbau zwischen den Partnern stärken, welcher zugleich einen wesentlichen Erfolgsfaktor von Kooperationen darstellt.[17]

---

17 Siehe hierzu Kapitel 5 dieses Artikels.

Der erleichterte persönliche Austausch kann zudem eine maßgebliche Basis für den Austausch von implizitem Wissen und den Aufbau von gemeinsamen Werten darstellen (vgl. Bachinger/Pechlaner 2011, 6). Das geschaffene Sozialkapital kann zugleich einen Anstoß für weitere kooperative Vorhaben geben und zum Entstehen einer „regionaler Identität" beitragen (vgl. Fuchs 2013, 88).

3.4 Sozial-psychologischer Erklärungsansatz

Ergänzend werden im Folgenden einige sozial-psychologische Aspekte als Erklärungsbeitrag für den Nutzen von touristischen Kooperationen angeführt.

Als ein erster zentraler Mehrwert in diesem Zusammenhang wird durch die Kooperation verschiedener touristischer Stakeholder die Chance eröffnet, den eigenen Horizont durch gegenseitigen Austausch zu erweitern und im Dialog wesentliche übergreifende Probleme zu identifizieren. Dabei wird durch das Zusammenwirken unterschiedlicher Perspektiven und Interessensfelder die Aufmerksamkeit verstärkt auf wechselseitige Bedürfnisse gelenkt und eine intensivere Berücksichtigung ökonomischer, ökologischer sowie sozialer Implikationen des Tourismus ermöglicht. (vgl. Laux 2012, 16f.[18])

Gleichzeitig wird durch die Beteiligung verschiedener touristischer Stakeholdergruppen im Zuge wichtiger Entscheidungen für die Destinationsentwicklung, z.B. im Rahmen der Leitbildentwicklung, auch die politische Legitimität gemeinsam entwickelter Ergebnisse erhöht (vgl. ebd.). Aus sozial-psychologischer Sicht liegt diese stärkere Anerkennung und Tragfähigkeit der durch gemeinsames Handeln erzielten Lösungen in verschiedenen Vorteilen kooperativer Entscheidungsfindung begründet. Dazu zählen u.a. die verbesserte Transparenz (Motive anderer Akteure lassen sich besser deuten), die Berücksichtigung verschiedener Interessen und komplementärer Potenziale sowie die stärkere Verbindlichkeit gemeinsam erzielter Beschlüsse (vgl. Fuchs 2013, 87f.; Fuchs 2006, 58f.).

Zudem vermag eine transparent und fair geführte Zusammenarbeit den involvierten Netzwerkpartnern das Gefühl zu vermitteln, gemeinsam etwas verändern zu können und sie damit im Rahmen der Kooperation zu verstärkter Eigenverantwortung gemäß ihrer jeweiligen Kompetenzbereiche zu animieren (vgl. Laux 2012, 16f.[19]), wobei gleichzeitig ein Beitrag zum die Motivation fördernden

---

18 Basierend auf Jamal/Stronza 2009, 169; Pechlaner/Raich 2008, 112f.; Scott/Cooper/Baggio 2008, 171; Fyall/Leask 2006, 51; Aas/Ladkin/Fletcher 2005, 30f.; Ladkin 2002, 74.
19 Basierend auf Jamal/Stronza 2009, 169; Pechlaner/Raich 2008, 112f.; Scott/Cooper/Baggio 2008, 171; Fyall/Leask 2006, 51; Aas/Ladkin/Fletcher 2005, 30f.; Ladkin 2002, 74.

Gemeinschaftsgefühl geleistet werden kann (vgl. Fuchs 2013, 88; Gibson/Lynch 2007, 109).

4. Arten von Kooperationen und Netzwerken im Tourismus

Basierend auf dem Grundverständnis von Destinationen als strategische Netzwerke und in Kenntnis der möglichen Netzwerknutzen, die durch die an der Kooperation beteiligten Akteure verfolgt werden, stellt sich die Frage, inwiefern eine Typisierung von Netzwerken erfolgen kann. Sydow (vgl. 1999a, 285) zeigt auf (siehe Abbildung 5), dass es eine Vielzahl von Möglichkeiten gibt, interorganisationale Netzwerke im Allgemeinen zu typisieren.[20]

Abbildung 5: Ausgewählte Typisierungsmöglichkeiten von Netzwerken[21]

Netzwerktypen	Erläuterung
Industrielle Netzwerke – Dienstleistungsnetzwerke	Sektorenzugehörigkeit der meisten Netzwerkunternehmungen
Unternehmensnetzwerke – Netzwerke von Non-Prot-Organisationen	Gewinnerzielungsabsicht der meisten Netzwerkunternehmen (gemischt in Public-Private-Partnerships)
Intraorganisationale – interorganisationale Netzwerke	Grenzen des Netzwerks nach Konzern- bzw. Betriebszugehörigkeit
Strategische – regionale/ operative Netzwerke	Charakter der Aufgabenfelder
Lokale – globale Netzwerke	Räumliche Ausdehnung des Netzwerks
Einfache – komplexe Netzwerke	Zahl der Netzwerkakteure, Dichte des Netzwerks, Komplexitätsgrad des Beziehungsgeflechts
Vertikale – horizontale Netzwerke	Relative Stellung der Netzwerkunternehmen zueinander in Bezug auf die Wertschöpfungskette (laterale Netzwerke als weitere Option)
Freiwillige – vorgeschriebene Netzwerke	Grad der gesetzlichen Vorgaben zur Zusammenarbeit
Stabile – dynamische Netzwerke	Stabilität der Mitgliedschaft bzw. der Netzwerkbeziehungen
Marktnetzwerke – Organisationsnetzwerke	Dominanz des Koordinationsmodus

---

20 Siehe hierzu ergänzend Liebhart 2007, 301-303.
21 Quelle: Sydow 1999a, 285 sowie zu „temporären – dauerhaften Netzwerken" ergänzend Mellewigt 2003, 9; verändert.

Hierarchische – heterarchische Netzwerke	Steuerungsform nach der Form der Führung
Intern – extern gesteuerte Netzwerke	Steuerungsform nach Ort (z.B. durch Drittparteien bzw. Netzwerkmanagementorganisationen)
Zentrierte – dezentrierte Netzwerke	Grad der Polyzentrizität
Austauschnetzwerke – Beteiligungsnetzwerke	Grund der Netzwerkmitgliedschaft
Explorative – exploitative Netzwerke	Dominanter Zweck des Netzwerks
Soziale – ökonomische Netzwerke	Dominanter Zweck der Netzwerkmitgliedschaft
Innovationsnetzwerke – Routinenetzwerke	Netzwerkzweck in Hinblick auf Innovationsgrad
Formale – informale Netzwerke	Formalität bzw. Sichtbarkeit des Netzwerks
Offene – geschlossene Netzwerke	Möglichkeit des Ein- bzw. Austritts aus dem Netzwerk
Geplante – emergente Netzwerke	Art der Entstehung
Temporäre – dauerhafte Netzwerke	Dauerhaftigkeit
Käufergesteuerte – produzentengesteuerte Netzwerke	‚Ort' der strategischen Führung
Beschaffungs-, Produktions-, F&E-, Marketing-Netzwerke u.ä.	Betriebliche Funktionen, die im Netzwerk kooperativ erfüllt werden

Bei der Unterscheidung von Kooperationen im Tourismus wird vielfach eine Klassifizierung nach der Kooperationsrichtung bezüglich der Wertschöpfungsstufen der involvierten Netzwerkpartner sowie nach Kooperationsebenen bzw. den räumlichen Ebenen der touristischen Zuständigkeit vorgenommen. Diese beiden Typisierungsformen werden im Folgenden näher erläutert.

4.1 Klassifizierung nach der Kooperationsrichtung

Kooperationen im Tourismus können gemäß ihrer Kooperationsrichtung und in Bezug auf die Wertschöpfungsstufen der beteiligten Kooperationspartner (in Anlehnung an die zuvor veranschaulichte Dienstleistungs- bzw. Wertschöpfungskette beim kooperativen Erstellungsprozess des Leistungsbündels einer Destination; siehe Abbildung 1) in

- vertikale,
- horizontale sowie
- laterale

Formen der Zusammenarbeit klassifiziert werden:

Vertikale Kooperationen

Vertikale Kooperationen setzen sich aus Partnern verschiedener Stufen der Wertschöpfungskette zusammen. In der Regel handelt es sich hierbei um Leistungsträger, die aus aufeinander folgenden Stufen (der Dienstleistungskette) stammen (vgl. Saretzki 2007, 276) und die somit nicht in direkter Konkurrenz zueinander stehen (vgl. Laux/Soller 2012, 30). Der inhaltliche Schwerpunkt dieser Kooperationsform liegt auf der für Destinationen elementaren Verknüpfung von einzelnen Leistungsbestandteilen zu „integrierten Erlebnisprodukten mit Zeit-, Kosten- und Qualitätsoptimierung durch Breiten- und Kompetenzeffekte („economies of scope")" (Pechlaner/Raich 2008, 113). Die vertikale Vernetzung von Leistungsträgern stellt zugleich eine Alternative zu den von integrierten Reisekonzernen vorgenommenen Integrationsprozessen dar (vgl. Saretzki 2007, 276). Dabei ist die vertikale Vernetzung nicht auf Partner innerhalb der Destination begrenzt, sondern es besteht auch die Möglichkeit zur vertikalen Vernetzung mit externen Leistungsträgern (z.b. mit der Deutschen Bahn AG und Umweltverbänden im Kooperationsprojekt „Fahrtziel Natur").

Als konkrete Formen der vertikalen Kooperation innerhalb von Destinationen können neben der Zusammenstellung von Packages (Pauschalangebote, Baukastensysteme) beispielsweise die Integration verschiedener Leistungen in lokale bzw. regionale Informations-, Reservierungs- und Buchungssysteme, gemeinsame Kommunikations- und Distributionsmaßnahmen durch Werbung, PR und Messeauftritte und die Bündelung verschiedener Angebotselemente im Rahmen des Themenmarketings in Form von Produktlinien, Events und Kampagnen angeführt werden (vgl. Steinecke 2013, 124).

Horizontale Kooperationen

Im Falle von horizontalen Kooperationen arbeiten Partner derselben Wertschöpfungsstufe zusammen. Diese bieten ein gleiches oder ähnliches Produkt an.[22] Aufgrund der bestehenden Gemeinsamkeiten – z.B. in Zielausrichtung und Arbeitsweise – können hierbei wertvolle Synergiepotenziale genutzt werden (vgl. Steinecke 2013, 121). So besteht ein typischer Nutzen dieser Kooperationsform in der durch Größeneffekte erzielten Effizienzsteigerung („economies of scale") (vgl. Pechlaner/Raich 2008, 113).

---

22 Beispielgebend sind hierfür strategische Allianzen von Fluglinien sowie die weltweit in hoher Anzahl existierenden Hotelkooperationen (vgl. Laux/Soller 2012, 30; Saretzki 2007, 276).

Gleichzeitig stehen die im Rahmen einer horizontalen Kooperation beteiligten Partner jedoch häufig in Konkurrenz zueinander. Entsprechend liegt für die Beteiligten vermehrt der oben angeführte, durch die Gleichzeitigkeit von Konkurrenz- und Kooperationssituation gekennzeichnete Fall der Coopetition vor, womit eine zentrale Herausforderung für die Akteure darin besteht, eine angemessene Balance zwischen Konkurrenz- und Kooperationsdenken zu entwickeln.[23] Übertragen auf touristische Zielgebiete sind horizontale Kooperationen innerhalb der Destination beispielsweise in Form von Branchenverbänden (z.B. DEHOGA), aber auch zwischen Destinationen wie bei Städtenetzwerken im Städte- und Kulturtourismus („Magic Cities Germany", „Historic Highlights of Germany") vorzufinden (vgl. Steinecke 2013, 122). Auch die im Rahmen des vorliegenden Bandes behandelte „Cittaslow"-Städtekooperation kann als Beispiel einer horizontalen Kooperation zwischen Destinationen angeführt werden.[24]

Laterale Kooperationen

Des Weiteren besteht für Tourismusakteure die Möglichkeit zur lateralen Vernetzung, mit der grundlegend eine Zusammenarbeit von Unternehmen verschiedener Branchen bezeichnet wird. Wenngleich die beteiligten Akteure keiner zusammenhängenden Dienstleistungs- bzw. Wertschöpfungskette angehören, können die Leistungen des jeweiligen Partners jedoch vielfach als Ergänzung des eigenen Angebots bzw. zum Austausch von strategischen Ressourcen genutzt werden (vgl. Pechlaner/Raich 2008, 113; Saretzki 2007, 276). So bieten sich auch für Destinationen in vielfältiger Weise Möglichkeiten zur Kooperation mit Partnern aus anderen wirtschaftlichen bzw. gesellschaftlichen Bereichen an, um gemeinsame Zielvorstellungen zu realisieren (vgl. Steinecke 2013, 125). Beispielsweise können zur Stärkung des ländlichen Tourismus Kooperationen mit regionalen Händlern, Handwerkern und Künstlern gebildet werden, um das Zielgebiet in Bereichen wie „Kunst", „Kultur", „Kulinarik" und „Tradition" zu profilieren (vgl. Laux/Soller 2012, 30).

Neben den dargestellten Kooperationsformen innerhalb und zwischen touristischen Zielgebieten mit eindeutigen Wertschöpfungsbeziehungen kommt auch gemischten Netzwerken, die mehrere Kooperationsrichtungen umfassen, eine hohe Bedeutung zu. Hierfür bieten Netzwerke zur Angebotentwicklung von

---

23 Siehe hierzu Kapitel 2 dieses Artikels.
24 Siehe hierzu die Artikel von Dörr/Wemhoener und Reif im vorliegenden Sammelband, die sich sowohl mit angebots- wie auch nachfrageseitigen Aspekten der Cittaslow-Bewegung befassen.

Gästekarten[25] ein anschauliches Beispiel, da an diesen Bonus Card Systemen typischerweise Leistungsträger beteiligt sind, die sowohl horizontale und vertikale als auch (mitunter) laterale Interdependenzen aufweisen. (vgl. Saretzki 2007, 276)[26]

4.2 Klassifizierung nach Kooperationsebenen

Ein wesentliches Strukturmerkmal der unterschiedlichen in Deutschland agierenden Tourismusorganisationen ist die Differenzierungsmöglichkeit in eine Folge verschiedener Ebenen, die sich über deren jeweilige räumliche Zuständigkeit definieren. So wird die erste Ebene durch die Deutsche Zentrale für Tourismus (DZT) als zuständige Organisation für das deutsche Auslandsmarketing (vgl. DZT 2014) und durch den Deutschen Tourismusverband (DTV) gebildet, der als Dachorganisation u.a. die Aufgabe der tourismuspolitischen Interessenvertretung wahrnimmt (vgl. DTV 2015). Auf der zweiten Ebene stehen die landesweiten Tourismusverbände und Marketinggesellschaften, auf die in der dritten und vierten Stufe Regionalverbände sowie weitere Gebietsausschüsse und -gemeinschaften folgen. Daraufhin schließen sich auf der fünften Ebene sowohl kleinere überörtlich agierende Verbände wie lokale Tourismusorganisationen als auch kommunale Einrichtungen von Städten und Tourismusgemeinden inkl. Kurverwaltungen und Tourist-Informationen an. (vgl. z.B. Bleile 2000, 3f.) Eine Sekundärdatenrecherche von Baur/Volle/Quack (vgl. 2004, 12) kommt in der Summe der angeführten Destinationsebenen auf eine Gesamtanzahl von nahezu 5.400 Tourismusorganisationen in Deutschland.

Zur Vermeidung von Konfrontationen zwischen den Institutionen hinsichtlich der Ressourcen- und Kompetenzverteilung sowie zur Sicherstellung eines effizienten Mitteleinsatzes bedarf es einer an den Bedürfnissen der jeweils anzusprechenden Marktsegmente orientierten, klar definierten Aufgabenverteilung, welche auf verbindlich akzeptierten Zuständigkeiten beruht. Darüber hinaus sind die bestehenden Finanzmittel in der Art zu bündeln und kompetenzorientiert zu verteilen, dass den Tourismusorganisationen auf allen Ebenen eine ausreichende, im Sinne von „wettbewerbsbefähigende" Ressourcenausstattung zur Verfügung steht,[27] damit diese ihre jeweiligen Aufgaben mit einer möglichst hohen Wirksamkeit umsetzen können. (vgl. Eisenstein 2014, 19, 119; Fuchs 2013, 92)

---

25 Steht synonym für eine sogenannte Destination Card oder Tourist Card.
26 Diese im Falle von Gästekarten vorliegenden mehrdimensionalen Kooperationsbeziehungen werden im Rahmen dieses Sammelbandes durch den Artikel von Trimborn näher veranschaulicht. Im Mittelpunkt steht hierbei die theorie- und erfahrungsbasierte Vermittlung von erfolgreichen Strategien und Marketingmaßnahmen bei der kooperativen Implementierung von Destination Cards für Tages- und Übernachtungsgäste.
27 Siehe hierzu Kapitel 6.7 dieses Artikels.

Bei einer auf drei Ebenen vereinfachten Zuordnung der Aufgabenstellungen zu den Kooperationsebenen differenziert Fuchs (vgl. 2013, 90) zwischen einem eher strategisch-konzeptionellen und einem eher umsetzungsbezogenen Aufgabenbereich:

Abbildung 6: Klassifizierung nach Kooperationsebenen unter Zuordnung von exemplarischen Aufgabenfeldern[28]

Kooperationsebene	Strategisch-konzeptionelle Aufgaben	Umsetzungsbezogene Aufgaben
Überregionale Ebene	• Marktforschung • Übergeordnetes Marketingkonzept • Qualitätssicherungskonzept • Schulungskonzept	• Übergeordnetes Marketing (z.B. internationale Messen) • Schulungsmaßnahmen für touristische Anbieter
Ebene Tourismusregion	• Leitbildentwicklung • Regionales Marketingkonzept • Informationskonzept • Regionale Angebotsvernetzung • Vernetzung von Wegesystemen und Infrastrukturen	• Regionales Marketing • Buchungs- und Informationsmanagement • Gastgeberverzeichnis • Qualitätssicherung
Kommunale Ebene	• Leitbildentwicklung • Angebotsentwicklung	• Angebotsrealisierung • Beratung und Betreuung der Gäste vor Ort • Beratung und Betreuung der Leistungsanbieter

Das Verhältnis zwischen den Tourismusorganisationen der unterschiedlichen räumlichen Ebenen ist dabei nicht durch eine mittels Weisungsbefugnis definierte Hierarchie geprägt. Hieraus ergibt sich für jede Ebene eine hohe praktische Relevanz von kooperationsbezogenen Fragestellungen, wobei im Allgemeinen die Kooperationspotenziale auf der überregionalen Ebene schwerpunktmäßig im strategisch-konzeptionellen Bereich liegen, während auf lokaler Ebene eher eine Zusammenarbeit im umsetzungsbezogenen Aufgabenbereich im Vordergrund steht (vgl. Fuchs 2013, 90).

Neben den Kooperationsbeziehungen der Akteure auf gleicher Ebene ist eine (über die enge Abstimmung der Aufgabenteilung hinausgehende) Kooperation in vertikaler Richtung zwischen den einzelnen Ebenen erforderlich, um gemeinsame touristische Entwicklungsprozesse erfolgreich umsetzen zu können. Beispielsweise ist eine Einbindung von Vertretern der regionalen Ebene in die Erarbeitung

---

[28] Quelle: Fuchs 2013, S. 90.

von Entwicklungskonzepten auf Landesebene von großer Wichtigkeit, da diese Konzepte anschließend maßgeblich im Wirkungskreis der touristischen Regionen umgesetzt werden sollen. Nicht zuletzt wollen die lokalen bzw. regionalen Vertreter ihre Interessen angesichts ihres Finanzierungsanteils an der Arbeit der übergeordneten Ebene gewahrt wissen. (vgl. Fuchs 2013, 89-92)

5. Erfolgsfaktoren für Kooperationen und Netzwerke

Trotz der herausragenden Bedeutung der Kooperationsaktivitäten für die Wettbewerbsfähigkeit von Destinationen können deutliche Defizite hinsichtlich der Kooperation innerhalb der Destination und zwischen den Ebenen bestehen, wobei als Grund hierfür häufig im entscheidenden Maße spezifische Hemmschwellen angeführt werden können.

Demzufolge wird es für das Destinationsmanagement zu einer zentralen Herausforderung, die aus den Hemmschwellen der kooperativen Destinationsentwicklung resultierenden „Kooperationslücken" zu schließen, um die zukünftige Wettbewerbsfähigkeit des Zielgebiets zu sichern (vgl. Eisenstein 2014, 132f.).

Bevor in Kapitel 6 näher auf ausgewählte Hemmschwellen eingegangen wird, sollen zunächst allgemeine Erfolgsfaktoren für Kooperationen und Netzwerke vorgestellt werden, da diese die Relevanz der Beschäftigung mit den ausgewählten Hemmschwellen rechtfertigen und unterstreichen. Die jeweilige Bedeutung unterschiedlicher Erfolgsfaktoren unterliegt offenkundig einem allgemein stark situativen Charakter. Eine Konfiguration hat dementsprechend jeweils netzwerkspezifisch zu erfolgen, wobei die optimale Kombination beispielsweise vom Entwicklungsstand auf dem Kooperationslebenszyklus abhängt (vgl. Fyall/Garrod 2005, 173) sowie von den konkreten Erfahrungen, Kompetenzen und Interessen der involvierten Partner geprägt ist (vgl. Büchter/Gramlinger 2004, 49). Letztere spielen eine entscheidende Rolle für eine möglichst passgenaue Anwendung der die Kooperation betreffenden Strategien, Maßnahmen und Instrumente.

Gleichwohl werden in der Literatur hinsichtlich der Erfolgsfaktoren für Kooperationen und Netzwerke – im Allgemeinen und damit unabhängig von einer Betrachtung mit touristischem Bezug oder im Hinblick auf die Bedeutung im Destinationsmanagement – verschiedene Systematisierungsansätze angeführt. So differenziert beispielsweise Liebhart (vgl. 2007, 346-348) neben erfolgskritischen Grundeinstellungen für langfristige Kooperationen von Unternehmen zwischen strategischen, kulturellen sowie mitarbeiter- und partnerbezogenen Empfehlungen für eine erfolgsorientierte Entwicklung.

In ähnlicher Weise unterteilt Mundschütz (vgl. 2012, 59-74) kooperationsbezogene Erfolgsfaktoren in die Bereiche Strategie, Struktur, operationales

Management sowie Beziehungsmanagement. Auch Knop (vgl. 2009, 81-192) verwendet eine daran angelehnte Kategorisierung in strategische, strukturelle und kulturelle Erfolgsfaktoren. In Anlehnung an eine narrative Metaanalyse von Bogenstahl/Imhof (vgl. 2009) sollen folgende vier „erfolgsrelevante Netzwerkmanagementaktivitäten" (ebd., 3) einer näheren Betrachtung unterzogen werden:

- Auswahl der Netzwerkpartner
- Aufbau von Vertrauen
- Evaluation und Kontrolle
- Koordination und Kommunikation

5.1 Auswahl der Netzwerkpartner

Der Auswahl der Netzwerkpartner kommt nicht nur zu Beginn der Kooperation, sondern auch dauerhaft durch einen kontinuierlichen Prozess der Bestätigung der Zusammenarbeit (Re-Selektion) bzw. des Ausschlusses (De-Selektion) von Partnern eine entscheidende Bedeutung für den Netzwerkerfolg zu (vgl. Mundschütz, 2012, 60f.; Bogenstahl/Imhof 2009, 4, 12; Jacobi 1996, 133; Schwamborn 1994, 149). Als zentrale Voraussetzungen für eine erfolgreiche Kooperation können eine gemeinsame Zielsetzung oder Vision bzw. eine gemeinsame Erfolgsvorstellung der Beteiligten, die ausreichende Qualifikation der Netzwerkpartner sowie das Einbringen von ausreichenden (im Sinne von wettbewerbsbefähigenden) Kooperationsressourcen durch die Kooperationspartner benannt werden (vgl. Eisenstein 2014, 133; Alke 2013, 50; Mundschütz 2012, 61f.; Knop 2009, 81-83, 112; Chin/Chan/Lam 2008, 442, 444; Gibson/Lynch 2007, 110; Scherle 2006, 43). Bei der Auswahl der Partner wird als zentrales Entscheidungskriterium in der Regel ein möglichst hoher Erfüllungsgrad der „Stimmigkeit" bzw. des „Fits" zwischen den Kooperationspartnern angeführt. Diese erfolgsfördernde Partnerkongruenz ist sowohl auf fundamentaler/struktureller, strategischer, kultureller als auch auf verhaltensbezogener Ebene[29] anzustreben. (vgl. Mundschütz 2012, 58, 60-62; Swoboda, et al. 2011, 274-276; Knop 2009, 81, 110, 142; Jacobi 1996, 135).

5.2 Aufbau von Vertrauen

Je heterogener die involvierten Kooperations- und Netzwerkpartner sind, desto mehr Zeit sollte dem Aufbau von Vertrauen gewidmet werden. Im

---

29 Eine nähere Erläuterung einzelner Kongruenzdimensionen erfolgt ergänzend als jeweils spezifisch-thematischer Hintergrund bei der Darstellung der ausgewählten Hemmschwellen (siehe hierzu Kapitel 6. dieses Artikels).

wissenschaftlichen Diskurs findet das Vertrauen bzw. die Vertrauensbildung vielfach als zentraler Erfolgsfaktor für Kooperationen Hervorhebung. (vgl. Dammer 2011, 38; Howaldt/Ellerkmann 2011, 28; Franke 2010, 72-79; Bogenstahl/Imhof 2009, 16f.; Knop 2009, 142; Naipaul/Wang/Okumus 2009, 479; Wang 2008, 153-164; Saretzki 2007, 284-286; Wojda/Herfort/Barth 2006, 22) Hingegen kann ein Mangel an gegenseitigem Vertrauen häufig der Grund für das Scheitern der Kooperation sein. Um dies zu vermeiden, sollten bewusst vertrauensfördernde Maßnahmen und Instrumente eingesetzt werden, z.b. eine offene und transparente Kommunikation, wechselseitige Unterstützung bei den gemeinsamen Netzwerkaktivitäten sowie die Einhaltung von Absprachen zum Beweis des eigenen Verantwortungsbewusstseins (vgl. Forschungsinstitut Betriebliche Bildung 2010, 25; Dizdar 2008, 146; Liebhart 2007, 325).

5.3 Evaluation und Kontrolle

Im Zusammenhang mit der Einhaltung von Absprachen wird deutlich, dass auch Maßnahmen der Evaluation und Kontrolle eine hohe Relevanz als Erfolgsfaktor beigemessen werden muss. Voraussetzung ist die gemeinsame und eindeutige Definition von (komplementären) Zielen, die mittels der Kooperation erreicht werden sollen. Auf Basis dessen soll die zur Verfügung gestellte Ressourcenausstattung effektiv und effizient eingesetzt werden, um für alle beteiligten Kooperationspartner einen Mehrwert sicherzustellen. Im Idealfall können kooperative Kernkompetenzen ausgestaltet werden, die die Beteiligten nur mittels der Kooperation aufbauen können und an welchen die Beteiligten nur durch Mitarbeit in der Kooperation partizipieren können. (vgl. Mundschütz 2012, 62, 67f.; Bachinger/Pechlaner 2011, 18-20; Liebhart 2007, 347f.) Die zu festgelegten Zeitpunkten und möglichst mittels messbarer Kennzahlen durchzulaufenden Evaluationen bzw. Kontrollmöglichkeiten dienen zum einen der Reflexion der interorganisationalen Beziehungen und zum anderen der Bewertung der Kooperationsergebnisse. Die dadurch angestrebte Beziehungs-, Leistungs- und Kostentransparenz wiederum kann nicht nur Unterstützung für den notwendigen Vertrauensaufbau leisten, sondern auch als wichtige Entscheidungsgrundlage für die Planung und Steuerung der weiteren kooperativen Aktivitäten dienen. (vgl. Bogenstahl/Imhof 2009, 5; Liebhart 2007, 348; Liebhart 2002, 256) In diesem Zusammenhang besteht die Herausforderung, die Balance zwischen gegenseitiger Kontrolle und Vertrauen zu finden: Während der angemessene und möglichst frühzeitige wie regelmäßige Einsatz von Kontroll- und Evaluationsmaßnahmen die gegenseitige Vertrauensbildung stärkt, kann deren übermäßige Anwendung als zu geringe Vertrauensbasis aufgefasst werden und damit die Kooperationsbeziehungen belasten. (vgl. Mundschütz 2012, 68; Coletti/Sedatole/Towry 2005, 496f.)

5.4 Koordination und Kommunikation

Von weiterhin großer Wichtigkeit ist die Schaffung einer an die Bedürfnisse und Fähigkeiten der Beteiligten angepassten Kooperationsstruktur und -kultur. Eine auf klaren und anerkannten Regeln basierende offene und transparente Kommunikation sowie ebenso eindeutige wie akzeptierte Zuständigkeiten, erfolgreiches Konfliktmanagement und die bewusste Förderung von Wissensaustausch sowie von interorganisationalem Lernen stellen wesentliche Elemente dieses Erfolgsfaktors dar. Darüber hinaus werden in der Literatur die Integration in das soziale, politische und gesellschaftliche Umfeld sowie die Einbeziehung wichtiger Akteure, Organisationen und Institutionen in die Netzwerkaktivitäten als erfolgsfördernd eingestuft. (vgl. Mundschütz 2012, 63f., 66f., 71f.; Bachinger/Pechlaner 2011, 19f.; Knop 2009, 159-161, 170-183; Chin/Chan/Lam 2008, 442, 444f.; Gibson/Lynch 2007, 110; Liebhart 2007, 346f.; Scherle 2006, 43)

6. Ausgewählte Hemmschwellen der kooperativen Destinationsentwicklung

Bezugnehmend auf die in Kapitel 5 vorgestellten Erfolgsfaktoren werden im Folgenden ausgewählte Hemmschwellen der kooperativen Destinationsentwicklung erläutert. In diesem Zuge werden darüber hinaus mögliche Folgen aufgezeigt sowie potenzielle Lösungsansätze skizziert. Einführend wird hierbei auf die „Status-Quo-Orientierung" als allgemein übergeordnete Grundproblematik für die kooperative Destinationsentwicklung eingegangen. Diese kann durch einige der nachfolgend beschriebenen Hemmschwellen zusätzlich verstärkt werden. Die dabei für die Darstellung gewählte Reihenfolge liegt in einzelnen thematischen Zusammenhängen zwischen den jeweiligen Hemmschwellen begründet – sie impliziert keine inhaltliche Priorisierung.

6.1 Status-Quo-Orientierung

Bei der Auswahl der Netzwerkpartner kommt dem sogenannten „strategischen Fit" – d.h. der weitestgehenden Übereinstimmung der Partner hinsichtlich der strategischen Ausrichtung, des Zeithorizonts und der Intensität der Zielverfolgung – eine maßgebliche Rolle zu (vgl. Jacobi 1996, 135). Die langfristige Wettbewerbsfähigkeit von Netzwerken kann in der Regel nur durch die Bereitschaft und strategische Übereinkunft der involvierten Akteure über einen stetigen

Weiterentwicklungsprozess, welcher durch ein kooperatives Handeln getragen wird, sichergestellt werden. Das dafür erforderliche gemeinsam abgestimmte Fortschritts- und Veränderungsstreben wird jedoch oftmals durch eine als „Status-Quo-Orientierung" zusammengefasste zurückhaltende bzw. abwehrende Haltung der jeweils beteiligten Interessengruppen gegenüber einer weiterentwickelten oder neuen inhaltlichen oder organisatorischen Ausrichtung gehemmt (vgl. von Weizsäcker 2000, 16-22). Entsprechend kann bei Interessengruppen eine allgemein „starke Neigung zur Verteidigung des jeweiligen Status Quo" (ebd., 19) verortet werden.

Auch im spezifischen Kontext der kooperativen Destinationsentwicklung sind oftmals „Tendenzen der Besitzstandswahrung und der Zementierung bestehender Organisationsstrukturen" (Eisenstein 2014, 133) festzustellen, welche insbesondere im Falle einer bereits saturierten Destinationsentwicklung auftreten können. So bestehen in vielen traditionellen Reisezielen bereits langjährig historisch gewachsene Strukturen. Die damit einhergehende hohe Regulierungsdichte, welche zum Teil explizit zur Wohl- und Besitzstandsabsicherung von Partikularinteressen intendiert ist, kann somit bereits grundlegend die Fähigkeit zur Weiterentwicklung erschweren. (vgl. Eisenstein 2014, 131; Bieger/Beritelli 2013, 204f.)

Entwickeln sich (diese) Zielgebiete zudem in Anlehnung an das Destinationslebenszyklus-Modell von Butler (vgl. 1980)[30] in ein „Reifestadium" (Peters/Schuckert/Weiermair 2008, 314), verschärfen sich diese Beharrungstendenzen weiter. Ursächlich hierfür sind die für diese Lebenszyklus-Phase charakteristische Stagnation der Besucherzahlen, ein aus der Mode gekommenes Image, eine fortschreitende Ablösung der ursprünglichen natürlichen und kulturellen Anziehungskräfte durch künstliche Attraktionen sowie erforderliche Erneuerungsmaßnahmen in der Freizeit- und Beherbergungsinfrastruktur bei gleichzeitigen Überkapazitäten und erstem Investitions- bzw. Innovationsstau (vgl. Eisenstein 2014, 69f.; Bieger/Beritelli 2013, 99). Situativ wäre ein verstärkt kooperatives Handeln zur Rückgewinnung einer positiven Wettbewerbssituation zwingend angezeigt; trotzdem können stattdessen Besitzstandsdenken, Neid und Sicherung des eigenen Status-Quo und damit eine Verminderung der Kooperationsbereitschaft in den Vordergrund treten. Ebenfalls Beharrungstendenzen stützend und

---

30 Das Modell findet im wissenschaftlichen Diskurs vielfach Anwendung: siehe z.B. Eisenstein 2014; Zehrer/Raich 2013; Cooper 1994; Agarwal 1994. Es verdeutlicht, dass die Destinationsentwicklung verschiedene Phasen umfasst. Teilweise wird das Modell im Vergleich zur komplexen Realität jedoch als zu statisch und deterministisch angesehen (vgl. Peters/Schuckert/Weiermair 2008, 312). Zur Kritik am Modell des Destinationslebenszyklus siehe auch Wöhler 1997, 284ff.

die Akzeptanz notwendiger Weiterentwicklungen beschränkend können die in der Vergangenheit in einem weniger wettbewerbsgetriebenen Verkäufermarkt erzielten Erfolgserlebnisse wirken. Gleiches gilt im Falle einer unzureichenden Erfassung relevanter Marktveränderungen[31] (vgl. Eisenstein 2014, 134). Letztlich hält diese Status-Quo-Orientierung häufig solange stand, bis der durch das Ausbleiben des wirtschaftlichen Erfolgs ausgelöste Leidensdruck unter den beteiligten Akteuren (vgl. z.B. Fischbach 2009, 42f.; Fischer 2003, 4) ein Umdenken unumgänglich macht (vgl. Eisenstein 2014, 134). Allerdings kann dieser Leidensdruck im Rahmen einer ggf. vorliegenden Coopetition-Situation auch zu einer Verschärfung des Konkurrenzverhaltens um die verbliebenen Nachfrage- und Ressourcenpotenziale führen.[32]

Zum Aufbrechen der Status-Quo-Orientierung bei an der Destinationsweiterentwicklung zu beteiligenden Akteuren sollten Maßnahmen zum schrittweisen Vertrauensaufbau durch Offenlegung der Einzelinteressen, durch Informationsdiffusion zur Objektivierung der Markteinschätzung sowie der Einschätzung der eigenen Wettbewerbsposition und zur Verdeutlichung der Weiterentwicklungsnotwendigkeiten und -chancen ergriffen werden, um die Verteidigungshaltung von Partikularinteressen aufzubrechen und um die Akzeptanz von Veränderungsprozessen sowie die Bereitschaft zur Kooperation zu erhöhen.

6.2 Hemmschwellen der Langfristorientierung

Der erfolgsrelevante „Strategische Fit" bei der Auswahl der Kooperationspartner impliziert wie dargestellt u.a. eine möglichst hohe Übereinkunft der Kooperationspartner bezüglich des Zeithorizonts der gemeinsamen Zielverfolgung. Hinsichtlich des zeitlichen Rahmens können sich die Transaktionskostenvorteile von Kooperationen (vgl. Elsholz, et al. 2006, 31; Sydow 1992a, 143) tendenziell stärker entfalten, desto längerfristig die Netzwerke angelegt sind (vgl. Hülsmann/Cordes 2008, 4). Beispielsweise können die beim Aufbau von Kooperationen anfallenden Kosten für das Erlernen von notwendigen Kompetenzen oder auch die Aufwendungen für den Vertrauensaufbau sowie die Identifikation und Integration neuer Netzwerkpartner auf einen längeren Zeitraum verteilt werden (vgl. Rupprecht-Däullary 1994, 51). Des Weiteren können im Zuge langfristig angelegter Kooperationen die Koordinationskosten für die in der Durchführungsphase erforderlichen Abstimmungs- und Rückkopplungsprozesse durch Lerneffekte sowie die Bildung von Vertrauen und Loyalität reduziert werden (vgl. Dizdar 2008, 57).

---

31 Siehe hierzu Kapitel 6.8 dieses Artikels.
32 Siehe hierzu Kapitel 6.4 dieses Artikels.

Neben diesen allgemeinen transaktionskostenbezogenen Vorteilen kommt der Langfristorientierung von Kooperationsbeziehungen im Destinationsmanagement aufgrund folgender weiterer Gründe eine maßgebliche Rolle zu:
Zunächst führt die erhöhte Wettbewerbsintensität zwischen den Destinationen auf dem gegenwärtigen Käufermarkt mit globaler Konkurrenz dazu, dass die Positionierung und die Markenbildung bei klar definierten Zielgruppen zu zentralen Wettbewerbsvorteilen der Destination werden. Positionierung und Marke können glaubhaft nur im Rahmen eines langfristig angelegten Prozesses aufgebaut werden. Eine diesbezügliche Destinationsentwicklung muss folglich langfristig angelegt sein.

Auch Charakteristika der natürlichen sowie kulturellen und historischen Ressourcen der touristischen Zielgebiete unterstreichen die Notwendigkeit der Langfristorientierung der Destinationsentwicklung. Unter den Input- und Produktionsfaktoren der Destination nehmen diese Angebotsbestandteile häufig die Rolle von „Kernelementen" ein (vgl. Ritchie/Crouch 2003, 63ff., 110ff.).[33] Vielmals kommt ihnen eine exorbitante Bedeutung als Attraktor der Destination zu, d.h. als für die Nachfrage bei der Reisezielentscheidung hochrelevantes Angebotselement der Destination. Das große Interesse an natürlichen und kulturellen Angebotsfaktoren ist mittels empirischer Untersuchungen umfänglich belegt. Die in Abbildung 7 dargestellten Ergebnisse machen deutlich, dass die natur- und kulturräumlichen Urlaubsthemen und -aktivitäten vielfach ein sehr hohes Interessentenpotenzial bei der Nachfrage vorweisen können.

Da sich natürliche und kulturelle Angebotsfaktoren der Destination in der Regel nicht oder nur mittel- bis langfristig (z.B. Landschaftsbild durch Landschaftsgestaltungsmaßnahmen, Gastfreundschaft durch Innenmarketing etc.) oder nur mittels eines erheblichen Ressourcenaufwandes kurzfristig entwickeln und gestalten lassen, muss die Sicherstellung vorhandener und für die Wettbewerbsfähigkeit der Destination hoch relevanter Angebotselemente aus Natur und Kultur demzufolge mittels einer Langfristorientierung des Destinationsmanagements erreicht werden (vgl. Dettmer, et al. 2005, 50). Darüber hinaus zieht die teilweise hohe Fragilität bzw. Übernutzungsgefahr eines Großteils der natürlichen und kulturellen Angebotsfaktoren ergänzende Notwendigkeiten für eine langfristig angelegte und ressourcenschonende Tourismusplanung nach sich.[34]

---

33 Zur Einteilung der Input- und Produktionsfaktoren des touristischen Zielgebietes in „Kernelemente & Attraktionen", „unterstützende Faktoren", „qualifizierende Faktoren" sowie „Managementressourcen" siehe z.B.: Fischer 2009, 74ff. und 140ff.; Crouch 2006, 1ff.; Ritchie/Crouch 2003, 63ff. und 110ff.; Ritchie/Crouch 2000, 1ff.; Crouch/Ritchie 1999, 146ff.

34 Siehe hierzu Kapitel 6.4 dieses Artikels.

Abbildung 7: *Interessentenpotenzial der Top 25 Urlaubsarten und -aktivitäten in der deutschen Bevölkerung*[35]

Allgemeines Interessentenpotenzial auf Basis aller Befragten
Top-Two-Box auf Skala von „5 = sehr großes Interesse" bis „1 = gar kein Interesse"

Ranking der untersuchten Urlaubsarten / -aktivitäten

		% der Fälle	Hochrechnung
1	Spektakuläre Landschaft erleben	72%	41,5 Mio.
2	Sich in der Natur aufhalten	71%	40,7 Mio.
3	Bade- / Strandurlaub	66%	38,3 Mio.
4	Städtereise	65%	37,3 Mio.
5	Angebote in der Nebensaison nutzen	65%	37,2 Mio.
6	Kulinarische / gastronomische Spezialitäten genießen	62%	36,0 Mio.
7	Sich aktiv im und am Wasser aufhalten	58%	33,6 Mio.
8	Romantik erleben	53%	30,3 Mio.
9	Burgen, Schlösser, Dome besuchen	52%	30,1 Mio.
10	Familienurlaub	49%	28,4 Mio.
11	Wellnessangebote nutzen	49%	28,2 Mio.
12	Gärten / Parks besuchen	48%	27,6 Mio.
13	Schlösser, Herrenhäuser, Parks und Gärten besuchen	47%	27,3 Mio.
14	Informationen über die Natur erhalten	45%	26,1 Mio.
15	Kulturelle Einrichtungen besuchen / Kulturangebote nutzen	44%	25,4 Mio.
16	Wandern	43%	24,6 Mio.
17	Zoos besuchen	40%	23,3 Mio.
18	Rad fahren (nicht Mountainbike fahren)	40%	23,0 Mio.
19	Events besuchen	40%	22,9 Mio.
20	Freizeitparks besuchen	39%	22,7 Mio.
21	Fähr- und Kreuzfahrturlaub	38%	22,1 Mio.
22	UNESCO Welterbestätten besuchen	38%	22,0 Mio.
23	Museen, Ausstellungen oder Kunstmuseen besuchen	38%	21,9 Mio.
24	Lebendige „Szene" erleben	38%	21,7 Mio.
25	Kultur- / Musikfestivals besuchen	37%	21,5 Mio.

---

35 Quelle: Institut für Management und Tourismus (IMT) 2013. Zur Erläuterung der Datenquelle „DestinationBrand 13: Themenkompetenz deutscher Reiseziele": Diese im Jahr 2013 durchgeführte Online-Befragung von insgesamt 16.000 Personen ist repräsentativ für die in Privathaushalten lebende deutschsprachige Bevölkerung im Alter von 14 bis 74 Jahren bzw. einer Grundgesamtheit von 57,6 Mio. Personen. Die Abbildung gibt einen Überblick über das jeweils ermittelte Interessentenpotenzial der Top 25 von insgesamt 54 untersuchten Urlaubsarten und -aktivitäten; basierend auf der Fragestellung „Wie groß ist ihr Interesse an folgenden Urlaubsarten/-aktivitäten (für einen Urlaub mit mindestens 1 Übernachtung)?". Das dargestellte Interessentenpotenzial ergibt sich aus dem prozentualen Anteil der Top-Two-Box auf einer Skala von „5 = sehr großes Interesse" bis „1 = gar kein Interesse".

Weiterhin gilt: Es ist erwünscht, dass sich die Marketingaktivitäten der Leistungsträger an der Destinationsmarketingstrategie ausrichten. Hierfür muss als Grundvoraussetzung eine langfristige Verlässlichkeit der Planung des Destinationsmarketings geschaffen werden, damit sich die Leistungsträger daran orientieren können. Dabei verfolgte Ziele der Abstimmung der Marketingaktivitäten der einzelnen Leistungsträger untereinander sowie der DMO sind die Vermeidung von Streuverlusten und das bestmögliche Ausnutzen von Synergieeffekten (u.a. in Bezug auf den Aufbau der Destinationsmarke und der Wettbewerbsposition).

Schließlich ist in den vergangenen Jahren eine vermehrte Diskussion und teilweise auch Umsetzung einer Aufgabenverlagerung von der lokalen auf die regionale Ebene zu beobachten. Vor allem ausgelöst durch Probleme der öffentlichen Haushalte, Verdrängungswettbewerb, Anspruchsinflation und den daraus resultierenden Notwendigkeiten zur Professionalisierung sollen hierbei durch die Bündelung von finanziellen Mitteln und Angebotspotenzialen leistungsfähigere Kooperationsstrukturen implementiert werden (vgl. Eisenstein 2014, 120; Dettmer, et al. 2005, 34).[36] Diese Maßnahmen der strukturellen Organisationsentwicklung können ebenfalls nur mittels eines langfristigen Handlungshorizonts des Destinationsmanagements angegangen werden.

Die Gefahr der kurzfristig angelegten Erfolgsorientierung wird vielmals durch den starken Einfluss von politischen Kompetenzträgern evident, die Verfolgung einer langfristig angelegten kooperativen Destinationsentwicklung wird hierdurch ggf. erschwert (vgl. Dettmer, et al. 2005, 57). Das große Interesse an politischer Einflussnahme auf das Geschehen in der Destination liegt dabei sowohl in den vielfältigen wirtschaftlichen, soziokulturellen und ökologischen Effekten des Tourismus im Zielgebiet (vgl. Müller 2008, 85-98) als auch in der Tatsache begründet, dass viele Angebotselemente der Destination durch Unterstützung aus dem öffentlichen Finanzhaushalt ermöglicht oder subventioniert werden (vgl. Eisenstein 2014, 107f.; Dettmer, et al. 2005, 41). Einen Erklärungsansatz für die (eher) kurzfristige Erfolgsorientierung seitens der Politik bietet das Principal-Agent-Phänomen (PAP): Als Ausgangskonstellation dieser Theorie bekommt ein Auftragnehmer, der Delegierte („agent"), gewisse Handlungen bzw. Aufgaben durch einen Auftraggeber („principal") übertragen, in dessen Namen und auf dessen Rechnung der „agent" den Auftrag (und damit das Mandat) zu erfüllen hat (vgl. von Weizsäcker 2000, 25). Verfolgt der Delegierte nun ein Interesse an der Weiterführung seines Mandats, während seine Leistungen in relativ kurzen Zeitabständen durch den Auftraggeber beurteilt werden, hat dies einen Zwang

---

36 Siehe hierzu Kapitel 6.7 dieses Artikels.

zum Nachweis kurzfristig erzielter Ergebnisse zur Folge – womit der Delegierte seine Handlungen in Richtung einer kurzfristigen Erfolgsorientierung ausrichten muss (vgl. Dettmer, et al. 2005, 57). „Er kann dann langfristig ertragreiche Projekte nur begrenzt und nicht gleichberechtigt mit kurzfristig ertragreichen Projekten verfolgen. So kommen wir zu der Schlussfolgerung, dass delegiertes Handeln eine hohe Zeitpräferenz aufweist, zu Kurzfristorientierung führt." (von Weizsäcker 2000, 26)

Wenngleich dies nicht bedeutet, dass langfristig auf Ertragserzielung angelegte Projekte keine Realisierungschancen haben, besteht im Konkurrenzfalle zwischen kurz- und langfristig ertragreichen Projekten und Aktionen häufig eine priorisierte Affinität zu Ersteren – unter politischer Perspektive mit den Zielen der Stimmenmaximierung und der Sicherstellung des Rückhalts der Interessengruppen bzw. Wähler („principals") (vgl. Bieger/Beritelli 2013, 204f. mit Bezug auf die Theorie der neuen politischen Ökonomie; Dettmer, et al. 2005, 57f.). Die Kenntnis des PAP und die hieraus ableitbaren kurzfristorientierten Verhaltensmuster politischer Akteure – die deutlich im Widerspruch zur mehrfach begründeten Notwendigkeit der Langfristorientierung der Destinationsentwicklung stehen können – sind angesichts des vielerorts außerordentlich hohen Einflusses politischer Entscheidungsträger auf das touristische Geschehen für das Destinationsmanagement von großer Bedeutung (vgl. Dettmer, et al. 2005, 58).

Darüber hinaus ist zu unterstreichen, dass auch die Leistungsträger und die Tourismusorganisation einer Destination selbst dem Erfordernis kurzfristiger Erfolgsnachweise unterlegen sein können, z.B. durch zeitlich befristete Verträge des Destinationsmanagements. Zur weitestmöglichen Überwindung dieser Hemmschwelle sollte mittels kommunikativer Maßnahmen ein breites Bewusstsein für die im Kontext der kooperativen Destinationsentwicklung besonders stark ausgeprägte Notwendigkeit zur Langfristorientierung geschaffen werden. Auf dieser Grundlage können Tourismuskonzepte wie auch touristische Leitbilder adäquat mit langfristigen Planungshorizonten gestaltet und entsprechend die zugehörigen Controlling-Instrumente[37] zur Messung der jeweiligen Zielerreichungsgrade ausgerichtet werden.

6.3 Asymmetrische Kompetenzwahrnehmung

Die fundamental-strukturelle Kongruenzdimension des „Fits" der Kooperationspartner beruht weiterhin maßgeblich auf dem Vorhandensein komplementärer Ressourcen und Kompetenzen sowie einer möglichst gleichgewichtigen

---

37 Siehe hierzu Kapitel 6.6 dieses Artikels.

„Größenverteilung" im Netzwerk (vgl. Knop 2009, 110f.; Saretzki/Wilken/Wöhler 2002, 34; Jacobi 1996, 135). Im Rahmen der Kooperationsbeziehungen im Destinationsmanagement sind jedoch nicht selten asymmetrische Kompetenzverhältnisse bzw. eine Wahrnehmung asymmetrischer Kompetenzen unter den Beteiligten (z.b. hinsichtlich Übernachtungszahlen sowie finanzieller und personeller Ressourcen) vorzufinden (vgl. Raich 2006, 190). Diese können Kooperationswiderstände auslösen und die zuvor vorgestellte Status-Quo-Orientierung verstärken (vgl. Eisenstein 2014, 133; Frick/Hokkeler 2008, 68).

Bei den „kleinen" Netzwerkpartnern kann dies auf deren Bedenken vor einem möglichen Autonomieverlust zurückzuführen sein. Sie sehen die Gefahr, durch die „Größeren" dominiert zu werden und dadurch ihre eigenen Interessen nicht mehr in ausreichendem Maße durchsetzen zu können (vgl. Eisenstein 2014, 133; Frick/Hokkeler 2008, 68). Auf der anderen Seite hegen auch die vermeintlich „Stärkeren" Vorbehalte gegen den Aufbau asymmetrischer Kooperationsbeziehungen aus Angst vor „Trittbrettfahrern"[38] sowie vor eigenen Machteinbußen durch eine mögliche überproportionale Vertretung der „Schwächeren" in den Gremien der Kooperationsgemeinschaft (vgl. Frick/Hokkeler 2008, 68[39]).

Auch im Falle der asymmetrischen Kompetenzwahrnehmung ist als Grundvoraussetzung einer Lösung schrittweise gegenseitiges Vertrauen aufzubauen (vgl. Dizdar 2008, 142), woraufhin dann mittels Kompromissen und konsensualer Übereinkommen die potenziellen Mehrwerte einer asymmetrischen Partnerschaft sichergestellt werden müssen. So erhalten die „Größeren" beispielsweise die Möglichkeit zum Aufbau umfassenderer Dienstleistungsketten durch komplementäre Angebotselemente, während sich die „Kleineren" Mitspracherechte sichern und Handlungsspielräume erweitern können. So ist dem Bedürfnis nach Selbstbestimmung im Falle einer asymmetrischen Kompetenzwahrnehmung beim Kooperationsaufbau verstärkt Rechnung zu tragen, da es eine Grundvoraussetzung für intrinsisch motiviertes Verhalten darstellt (vgl. Herkner 2004, 359).

6.4 Tragik der touristischen Allmende

Die Akteure innerhalb des touristischen Zielgebietes können aufgrund ihrer durch Interdependenz geprägten Situation und aufgrund der hohen Bedeutung von öffentlichen Gütern bzw. Allmendegütern (siehe Abbildung 8) für das touristische Leistungsbündel einer Destination sogenannten „Rationalitätenfallen" unterliegen. Diese liegen vor, „wenn jeder in seinem Eigeninteresse handelt und es

---

38 Siehe hierzu Kapitel 6.5 dieses Artikels.
39 Hier bezogen auf die interkommunale Kooperation.

dadurch zu einer kollektiven Selbstschädigung der Beteiligten kommt" (Behrens 2000, 7; in Anlehnung an Schumann/Meyer/Ströbele 1999, 493). Die Grundproblematik des Auseinanderfallens zwischen individueller und kollektiver Rationalität stellt zugleich den Kern der „Tragik der Allmende" (Hardin 2005, 78, eigene Übersetzung) dar. Ausgangspunkt dieser Hemmschwelle der kooperativen Destinationsentwicklung ist der Umstand, dass sich kaum eine andere Branche wie der Tourismus in solch starkem Maße auf öffentliche Güter als maßgebliche Produktionsfaktoren stützt (vgl. Letzner 2010, 93).

Abbildung 8: Systematisierung der Güterkategorien[40]

		Rivalität	
		Ja	Nein
Ausschließbarkeit	Ja	**P-Gut** (Privatgut)	**M-Gut** (Mautgut)
	Nein	**A-Gut** (Allmendegut)	**Ö-Gut** (Öffentliches Gut)

Natürliche und kulturelle Angebotselemente stellen für viele Destinationen zentrale Attraktionsfaktoren im Sinne von „Kernelementen" (vgl. Ritchie/Crouch 2003, 63ff.) dar. Diese öffentlichen, für jedermann zugänglichen Güter – wie Naturräume, Kulturräume, kulturhistorische Sehenswürdigkeiten etc. – haben oftmals starken Einfluss auf die im Reiseentscheidungsprozess des Nachfragers zu treffende Destinationsauswahl, können Reiseanlass auslösend sein und nehmen nicht zuletzt aufgrund der limitierten Imitierbarkeit die Rolle strategischer Wettbewerbsfaktoren der Destination ein.[41]

Überschreitet deren touristische Nutzung eine gewisse Belastungsgrenze („carrying capacity"; Fischer 2014, 60), wandelt sich der Charakter dieser vormals öffentlichen Güter (keine Ausschließbarkeit von Nutzern und keine Rivalität der Nutzer) durch die entstandene Knappheit zu Allmendegütern (keine Ausschließbarkeit von Nutzern mit Rivalität der Nutzer). Auf diesem grenzwertigen Nutzungsniveau kann die weitere Steigerung der Besuchsintensität zu deren Übernutzung, Schädigung und im schlimmsten Fall zur Zerstörung des angebotsseitigen Kernelementes der Destination führen, wovon häufig auch eine ganze Reihe anderer interdependenter Angebotselemente des Leistungsbündels der Destination negativ beeinflusst werden (vgl. Letzner 2010, 98, 129). In einer Kettenreaktion verringern sich die Aufenthaltsqualität der Touristen sowie letztlich

---

40 Quelle: Letzner 2010, 79.
41 Siehe hierzu Kapitel 6.2 dieses Artikels.

die Wettbewerbsfähigkeit der Destination und die generierte Wertschöpfung für die beteiligten Tourismusakteure (vgl. Müller 2007, 85; Briassoulis 2002, 1073). Da für die betreffenden übernutzten Güter das Ausschlussprinzip nicht greift, besteht in dieser Situation für den einzelnen touristischen Anbieter (zumindest kurzfristig) kein Anreiz, die entstehenden negativen Effekte eigenständig zu internalisieren, beispielsweise indem er selbst für die kollektiv verursachten Schäden aufkommt oder sein Angebot zurückfährt (vgl. Letzner 2010, 128f.; Wöhler 2002, 216). Handelt er demnach aus seiner individuellen Sicht rational, wird er weiterhin versucht sein, seinen persönlichen Ertrag zu maximieren. Mittel- bis langfristig zieht dieses Verhalten jedoch eine Zeitfalle nach sich, in der die wachsende Rivalität um die knapper werdende Allmende zu einer allokativen Ineffizienz in Form eines Ressourcen verzehrenden Aneignungskampfes führt, der im Endergebnis die weitere touristische Nutzung für alle Anbieter unmöglich macht.

Die Relevanz einer wirkungsvollen Lösungsfindung wird in Anbetracht der Bedeutung der betroffenen Angebotselemente als zentrale Attraktoren der Destination evident. Zur Lösung der aufgezeigten Problematik ist zunächst grundsätzlich ein Bewusstsein dafür zu schaffen, dass die „Tragik der touristischen Allmende" nur kooperativ gelöst werden kann; denn angesichts der komplementären Angebotsentwicklung einer Destination durch die verschiedenen Anbieter hin zu einem für den Gast nutzenstiftenden Leistungsbündel besteht in der Regel auch kein einseitiger Verursacher für die aufgezeigte Problematik (vgl. Wöhler 2002, 217). Dabei sollten die gemeinsam entwickelten Lösungsansätze im Sinne einer vertrauensbasierten kollektiven Selbstverpflichtung auf dem bereits skizzierten Postulat der Langfristorientierung fußen. Demnach ist anstelle der kurzfristig angelegten individuellen Gewinnmaximierung die Zeitpräferenz zu Gunsten einer langfristig nachhaltigen Aufrechterhaltung und Entwicklung der Allmende zu verschieben (vgl. Letzner 2010, 129f.).

Als Basis für konkrete Maßnahmen zum Erhalt der Allmende sowie als spätere Möglichkeit der Evaluation von Maßnahmen kann der gegenwärtige Erreichungsgrad der „carrying capacity" zunächst gemessen werden, wobei sich je nach Kategorie der berücksichtigten Kapazitätsgrenze eine wissenschaftlich abgesicherte Operationalisierung mittels aussagekräftiger Indikatoren in der Praxis mitunter als schwierig erweist (vgl. Fischer 2014, 63f.; Tanguay/Rajaonson/Therrien 2013, 863; Tschurtschenthaler 2002, 44). Der Umfang sowie die Art und Weise der weiteren Nutzung der touristischen Allmende kann durch verschiedene Instrumentarien wie die Anwendung von Nutzungsentgelten (z.B. Eintrittsgelder, Kurtaxen) und Nutzungsbeschränkungen (z.B. Parkordnungen, Wander-, Badeoder sonstige Nutzungsverbote) reguliert werden. Darüber hinaus besteht je nach Art der betreffenden touristischen Allmende auch die Option zur Definition von

Verfügungsrechten. Damit geht die Annahme einher, dass die Wahrscheinlichkeit, dass der neudeklarierte Eigentümer bzw. Pächter – in Aussicht möglicher individueller Einnahmepotenziale sowie aufgrund der zugeteilten Verpflichtungen – eher Maßnahmen zur Internalisierung der externen Effekte ergreifen wird, höher ist als dies zuvor bei der Allgemeinheit der Fall war (vgl. Letzner 2010, 119).

Ergänzend ist darauf hinzuweisen, dass die Touristen gleichermaßen für eine ressourcenschonende Nutzung der jeweiligen Allmende in der Verantwortung stehen (vgl. Wöhler 2002, 220, 222), welche sie selbst durch ein ökologisch wie sozial verträgliches Urlaubsverhalten positiv beeinflussen können. Dieses Potenzial für einen nachhaltigen Umgang mit den touristischen Allmenden durch die Nachfrageseite können die Anbieter nutzen, z.B. mittels aktiver Sensibilisierung sowie Schaffung innovativer Kompensationsmöglichkeiten für die durch die Besucher selbsthervorgerufene Belastung.[42]

6.5 Gefangenendilemma und Trittbrettfahrertum

Mit dem „Gefangenendilemma" soll im Folgenden auf eine weitere zentrale Rationalitätenfalle eingegangen werden, welche angesichts der komplex-reziproken Beziehungen zwischen den an der Destinationsentwicklung beteiligten und betroffenen Personen, Unternehmen und Institutionen in vielen Destinationen nahezu „chronisch" vorliegt (vgl. Dettmer, et al. 2005, 55). Die dadurch entstehenden Transaktionskosten sind entsprechend hoch. Das Dilemma kann dabei in enger Verbindung mit der häufig für viele Beteiligten vorliegenden Coopetition-Situation gesehen werden.[43] Die Grundproblematik des Gefangenendilemmas wird folgendermaßen anschaulich durch Watzlawick (1996, 103f.) beschrieben:

> „Demnach hält ein Staatsanwalt zwei Männer in Untersuchungshaft, die des Raubs verdächtig sind. Die gegen die beiden vorliegenden Indizien reichen aus, um den Fall vor Gericht zu bringen. Er läßt sich die beiden Gefangenen vorführen und teilt ihnen unverblümt mit, daß er sie dann, wenn beide den Raubüberfall leugnen, nur wegen illegalen Waffenbesitzes zur Anklage bringen kann und daß sie dafür schlimmstenfalls zu je sechs Monaten Gefängnis verurteilt werden könnten. Gestehen beide aber die Tat ein, so werde er dafür sorgen, daß sie nur das Mindestmaß für Raub, nämlich zwei Jahre Gefängnis, bekommen. Wenn aber nur einer ein Geständnis ablegt, der andere aber weiterhin die Tat leugnet, würde der Geständige damit zum Kronzeugen und ginge frei aus, während der andere das Höchststrafmaß, nämlich zwanzig Jahre, erhalten würde."

---

42 Beispielsweise hat der Tourismusverband Mecklenburg-Vorpommern mit der sog. Waldaktie als Kompensationsmaßnahme ein Angebot für einen klimaneutralen Urlaub geschaffen (vgl. TMV 2014).
43 Siehe hierzu Kapitel 2 dieses Artikels.

Auf der einen Seite liegt demzufolge das gemeinsam zu erzielende Optimum der Akteure (schlimmstenfalls sechs Monate Haft, wenn beide leugnen) zunächst unter dem individuell für jeden einzelnen erreichbaren Ergebnisoptimum, welches eintreten würde, wenn nur einer der beiden Gefangenen egoistisch handelt (Freispruch durch die Kronzeugenregelung, wenn nur ein Gefangener als einziger gesteht). Auf der anderen Seite ist das von den Akteuren gemeinsam zu erzielende Ergebnis weitaus besser, als das Ergebnis, das erreicht wird, wenn beide das egoistische Optimum anstreben (beide legen ein Geständnis ab, um den Kronzeugenstatus zu erhalten und beide müssen zwei Jahre ins Gefängnis, weil in diesem Fall die Kronzeugenregelung hinfällig wird).[44]

Für die kooperative Destinationsentwicklung lassen sich daraus folgende Schlussfolgerungen ziehen:

- Je mehr Leistungsträger und sonstige Akteure sich dazu bereit erklären, ihre Handlungen an einer gemeinsamen Entwicklungsstrategie der Destination auszurichten, desto größer sind die Umsetzungschancen dieser Strategie zum Nutzen aller.

- Je mehr Leistungsträger und sonstige Akteure keine Bereitschaft zeigen, sich an einer gemeinsamen Strategie zur Verbesserung der Wettbewerbsposition der Destination auszurichten, weil sie zur Verfolgung eines egoistischen Optimums von den Bemühungen der anderen profitieren wollen, desto geringer sind die Erfolgsaussichten, die Strategie implementieren und dauerhaft umsetzen zu können.

Bei diesem Phänomen des „Trittbrettfahrertums" versucht somit ein Akteur bei der Verfolgung des egoistischen Optimums ohne eigenes Zutun vom Erfolg des gemeinschaftlichen Engagements anderer Akteure zu profitieren. Letztendlich ist diese Verhaltensweise darauf zurückzuführen, dass die langfristige Planung, Entwicklung und Förderung der Tourismusentwicklung eines Zielgebiets Eigenschaften eines öffentlichen Gutes innehat (vgl. Dettmer, et al. 2005, 54). Da für diese Güterkategorie das Ausschlussprinzip nicht zutrifft und Leistungsträger unabhängig vom Grad ihrer Beteiligung davon profitieren können, erscheint es aus einzelbetrieblich-egoistischer Perspektive nicht sinnvoll, in etwas zu investieren, wenn der Ertrag auch ohne eigene Investition erreicht werden kann (vgl. Bieger/Beritelli 2013, 234). Doch je mehr Akteure diese Ansicht tragen, je mehr „Trittbrettfahrer" es in der Destination gibt (oder bezogen auf die obige Erläuterung

---

44 Zum Gefangenendilemma im Tourismus siehe auch Bieger/Beritelli 2013, 85, 233-235; Kirstges 2003, 279-284.

zum Gefangenendilemma in den Genuss der Kronzeugenregelung kommen wollen), desto weniger kann eine gemeinsame Strategie implementiert und umgesetzt werden – allerdings ist somit auch der Ertrag für die „Trittbrettfahrer" niedriger. Letztlich bleibt das durch gemeinsames Handeln eigentlich mögliche Ergebnisoptimum unerreicht – das Gefangenendilemma greift.

Schlussfolgernd macht das Gefangenendilemma deutlich, wie wichtig in dieser durch Komplementarität und Interdependenz gekennzeichneten Situation der Beteiligten ein ausreichendes Maß von wechselseitigem Vertrauen ist. Die kooperative Erarbeitung, Implementierung und Umsetzung einer gemeinsamen Destinationsstrategie ist umso eher erreichbar, desto mehr es – unterstützt durch eine umfassende und permanente nach innen gerichtete Kommunikation im Rahmen des Destinationsmanagements – gelingt, zwischen den involvierten Akteuren eine gegenseitige Vertrauensbasis aufzubauen, das Trittbrettfahrertum zurück zu drängen und Akteure für eine aktive Beteiligung an der kooperativen Destinationsentwicklung zu gewinnen.

In der Gefangenendilemma-Situation empfiehlt es sich nach der sogenannten „Tit-for-Tat"-Strategie zu verfahren, wonach gemäß des Reziprozitätsprinzips auf vertrauensbeweisende Maßnahmen des Kooperationspartners mit vertrauensbeweisenden Reaktionen entgegnet wird und zugleich auf einen Vertrauensbruch der Gegenseite mit einer Sanktion reagiert wird (vgl. Bierhoff 2006, 458). Durch dieses Verhaltensmuster demonstriert der einzelne Akteur in transparenter Weise seine Bereitschaft zur kooperativen Interaktion und minimiert gleichermaßen sein eigenes Kooperationsrisiko.

6.6 Unzureichende Zieldefinition und semiprofessionelles Controlling

Auf den allgemein hohen Stellenwert der Evaluation und Kontrolle wurde bereits im Rahmen der Erfolgsfaktoren für Kooperationen hingewiesen. Im Hinblick auf die kooperative Destinationsentwicklung wird die Notwendigkeit zur Schaffung von Transparenz auf Basis messbarer Ziele und dadurch möglicher Erfolgsnachweise neben dem allgemein intensivierten Wettbewerbsumfeld durch weitere Einflussfaktoren verstärkt. So hat in den zurückliegenden Jahren der Legitimationsdruck auf die Tourismusorganisationen angesichts der knapper werdenden öffentlichen Mittel[45] und der Tatsache, dass Teile der Anspruchsgruppen den durch die Arbeit des Destinationsmanagements ausgelösten Nutzen nur eingeschränkt erkennen können, erheblich zugenommen (vgl. Eisenstein 2014, 132). Darüber

---

45 Siehe hierzu Kapitel 6.7 dieses Artikels.

hinaus erhöhen (die u.a. teilweise aus dem wachsenden Legitimationsdruck resultierenden) Tendenzen zur Ausweitung der Aufgabenportfolios und zur betriebswirtschaftlichen Professionalisierung der Tourismusorganisationen die Relevanz von Informations-, Evaluations- und Controllingsystemen als strategische Steuerungsinstrumente (vgl. Eisenstein 2014, 132; Beritelli/Bieger/Boksberger 2004, 51).

Dabei erschwert das Fehlen konkreter Ziele die Nutzung zeitgemäßer Methoden der Evaluation und des Controllings. Werden keine quantifizierbaren Ziele definiert und keine Evaluations- und Controllingmechanismen implementiert, ist häufig auch die Umsetzungsenergie für Tourismuskonzepte und touristische Leitbilder geringer ausgeprägt als gewünscht, „weil den unmittelbar an der Umsetzung beteiligten Handlungsträgergruppen der Zusammenhang zwischen den Zielen der Destinationsentwicklung, der strategischen Ausrichtung und den konkreten, operativen Maßnahmen mitunter nicht deutlich genug wird" (Eisenstein, et al. 2006, 11f.). Durch das Fehlen konkreter, quantitativer Zielvorgaben kann schließlich auch der Zielerreichungsgrad nicht überprüft werden. Letztendlich ist damit keine Möglichkeit eines Erfolgsnachweises gegeben, wodurch sowohl die erforderliche Legitimation der Aktivitäten des Destinationsmanagements gegenüber den zentralen Anspruchsgruppen erschwert wird, als auch die Bereitschaft der touristischen Leistungsträger zur aktiven Beteiligung an der kooperativen Destinationsentwicklung gefährdet werden kann (vgl. ebd., 11).

Bislang werden Instrumentarien zur ganzheitlichen Erfolgsmessung der Destinationsentwicklung (vgl. z.B. Becher 2007; Kappler/Boksberger 2007; Eisenstein, et al. 2001) in der Praxis oftmals noch recht zögerlich eingesetzt (vgl. Eisenstein 2014, 132). Einerseits liegen hinsichtlich der konkreten Anwendung betriebswirtschaftlicher Evaluations- und Controllingansätze im Destinationsmanagement nach wie vor häufig subjektive Vorbehalte auf Seiten der Destinationsmanagement-Praxis vor (vgl. ebd.). Andererseits besteht bei den bislang existierenden technischen Tools zur Anwendung von Evaluations- und Controllingsystemen in Destinationen weiteres Entwicklungspotenzial bezüglich der Praxistauglichkeit bzw. der Anwenderfreundlichkeit.

Allerdings wird mehr und mehr die Bedeutung von Nachweisen kausal zuschreibbarer Leistungen der Tourismusorganisation als wichtiges Innenmarketinginstrument (vgl. z.B. Linkenbach 2009) erkannt. Zudem ist in der jüngeren Vergangenheit zumindest in Teilen ein wachsendes Bewusstsein für die Notwendigkeit zur Schaffung einer datenbasierten Transparenz im Sinne einer kennzahlengestützten Steuerung der Destination auf Basis aktueller Marktforschungsergebnisse zu beobachten. Als Belege hierfür können die in den zurückliegenden Jahren in verschiedenen Bundesländern (z.B. Brandenburg, Sachsen, Nordrhein-Westfalen) implementierten und durch Marktforschungsoffensiven flankierten touristischen

Ziel- und Kennzahlensysteme angeführt werden, die neben Beiträgen zur strategischen Steuerung der Destinationen und der wirtschaftlichen Bedeutung des Tourismus auch auf das frühzeitige Erkennen von Nachfragetrends abzielen (vgl. Tourismus Marketing Gesellschaft Sachsen mbH 2014; Tourismus NRW e.V. 2014; Eisenstein/Köchling 2013; Institut für Management und Tourismus (IMT) 2010). Als weiteres Beispiel aus dem Jahr 2014 kann die Neukonzeption der Landestourismusstrategie in Schleswig-Holstein angeführt werden, in der quantifizierte Wachstumsziele definiert wurden, welche regelmäßig anhand von Kennzahlenmessungen überprüft werden sollen (vgl. Ministerium für Wirtschaft, Arbeit, Verkehr und Technologie des Landes Schleswig-Holstein 2014, 4f.).

Die bundeslandweiten Initiativen zur Implementierung einer stärker kennzahlengestützten Steuerung im Destinationsmanagement unterstützen zudem die Möglichkeit zur Umsetzung der zwischen den Destinationen gemeinsam abgestimmten ziel- und bedarfsorientierten Markforschungserhebungen, wodurch Vorteile der Fixkostendegression und des Benchmarkings erzielt werden können (vgl. Wollesen/Köchling/Krüger 2012, 155f.). Der sich eröffnende Zusatznutzen des Destinationsvergleichs erhöht dabei erheblich die Entscheidungsrelevanz der Daten für alle Beteiligten (vgl. Kozak/Baloglu 2011, 112-114).

6.7 Unzureichende Ressourcenausstattung

Abschließend soll auf zwei weitere Hemmschwellen der kooperativen Destinationsentwicklung eingegangen werden, die sich innerhalb der von Ritchie/Crouch (vgl. 2003) eingeführten Kategorisierung der Input- und Produktionsfaktoren der Destination aus einem Manko bei den „unterstützenden Faktoren" ergeben. Es handelt sich zum einen um einen Mangel an Finanzressourcen und zum anderen um ein Defizit bei den der Destination zur Verfügung stehenden Wissensbeständen.

Die ausreichende Ausstattung mit finanziellen und personellen Ressourcen sowohl auf individueller Ebene der in der Kooperation involvierten Partner (vgl. Feld 2011, 57) als auch auf Ebene des gesamten Netzwerks (vgl. Alke 2013, 50) stellt eine zentrale Grundvoraussetzung für den Kooperationserfolg dar. Dies trifft auch auf DMOs bzw. Tourismusorganisationen (vgl. Socher/Tschurtschenthaler 2002, 173) und das für die kooperative Destinationsentwicklung notwendige Netzwerk zu.

Demgegenüber birgt zum einen die mehrstufige Tourismusorganisations-Struktur in Verbindung mit der Vielzahl an Organisationen systemimmanent die Gefahr der Ineffizienz – z.B. durch Doppelarbeiten oder durch Streuverluste aufgrund einer zu kleinteiligen Aufteilung der zur Verfügung stehenden Ressourcen in eine Vielzahl von Einzeletats (vgl. Eisenstein 2014, 119). Zum anderen werden die Ressourcenausstattung der Tourismusorganisationen und die für die kooperative Destinationsentwicklung bislang zur Verfügung gestellten Budgets angesichts der angespannten Haushaltslage vieler Gebietskörperschaften und der daraus resultierenden steigenden Finanzierungsprobleme der öffentlichen Hand bei der Förderung touristischer Aufgaben vielerorts kritisch hinterfragt bzw. mancherorts vermindert (vgl. Eisenstein 2014, 136; Cogiel/Obier 2013, 4; OS. 2013, 5). Aufgrund der Mittelknappheit und vor dem Hintergrund der potenziellen Präferenz kurzfristiger Erfolgsnachweise[46] besteht die Gefahr, dass die DMO ihren Koordinationsauftrag sowie zentrale konzeptionelle und strategische Handlungsfelder zur Erhaltung der Wettbewerbsfähigkeit des Reiseziels und der kooperativen Weiterentwicklung der Destination nur unzulänglich erfüllen kann, da die noch zur Verfügung stehenden Ressourcen zur Bewältigung der Aufgaben im operativen Tagesgeschäft gebunden werden (vgl. Eisenstein 2014, 131).

Es stellt sich die Frage, ob eine Tourismusorganisation unter solchen Rahmenbedingungen dem Auftrag der kooperativen Destinationsweiterentwicklung noch gerecht werden kann. Es muss auch verstärkt die Frage gestellt werden, ob das im jeweiligen Falle zur Erfüllung des Marketingauftrags zur Verfügung stehende Budget nicht bereits die „Wirkungsgrenze" unterschritten haben könnte. Und es ist schließlich im Einzelfall zu fragen, inwiefern Austrittsbarrieren politisch-kommunikativer Art und die im Rahmen der Status-Quo-Orientierung thematisierten Beharrungstendenzen dazu beitragen, bestehende Organisationsstrukturen zu zementieren.

Lösungsansätze werden vielfach mittels einer marktadäquaten institutionellen Neugestaltung der Tourismusorganisationsstrukturen gesucht, die einerseits den limitierten Ressourcen und andererseits den verschärften Wettbewerbsbedingungen stärker Rechnung tragen. Hierbei sollen durch den Aufbau leistungsfähiger Kooperationsstrukturen u.a. ein besser koordiniertes und effizienteres Marketing sowie eine erhöhte Managementkapazität ermöglicht werden (vgl. Dettmer, et al. 2005, 34 in Anlehnung an Arbeitsgruppe „Neue Strukturen im Schweizer Tourismus" des Verbands Schweizer Tourismusdirektoren, et al. 1998, 25f.).

„Institutionelle Kooperationen, oder in einem weiteren Schritt Fusionen, sind ein probates Mittel, die Schlagkraft und Reichweite der touristischen Aktivitäten zu erhöhen sowie Aufwendungen zu bündeln." (OS. 2013, 14) Darüber hinaus sind Kommunen deutschlandweit auf der Suche nach zukunftsfähigen Finanzierungsmöglichkeiten, wobei sowohl unterschiedliche steuer- und abgabenbasierte Modelle als auch verschiedene freiwillige Finanzierungsmodelle zu diskutieren sind (vgl. Cogiel/Obier 2013, 6; OS. 2013, 21).

---

46 Siehe hierzu Kapitel 6.2 dieses Artikels.

6.8 Qualifizierungslücken der Akteure

Die der Destination für ihre Weiterentwicklung zur Verfügung stehenden Wissens- und Qualifikationsbestände zählen ebenfalls zu den unterstützenden Produktionsfaktoren des Reiseziels. Eine umfassende Qualifikation der an der Kooperation Beteiligten stellt eine Grundvoraussetzung der wettbewerbsadäquaten Kooperationsbereitschaft und -fähigkeit dar (vgl. Eisenstein 2014, 133).

So können auf Basis einer angemessenen Qualifikationsgrundlage die komplexen Wettbewerbsanforderungen des modernen Destinationsmanagements besser erfasst werden, wodurch notwendige Veränderungen, z.B. zum Kooperationsaufbau innerhalb der Destination, schneller akzeptiert und umgesetzt werden können (vgl. ebd.). Jedoch stehen Destinationen nach wie vor mancherorts einer „Qualifizierungslücke"[47] der Tourismusakteure gegenüber, womit ggf. die am schwierigsten zu überwindende Hemmschwelle der kooperativen Destinationsentwicklung angeführt ist. Nicht zuletzt angesichts der sich verändernden Wettbewerbsbedingungen und der daraus stetig komplexer werdenden Qualifikationsanforderungen an die Mitarbeiter der Leistungsträger und Tourismusorganisationen (vgl. Eckhoff 2007, 75) sind die Informations-, Aus- und Weiterbildungsmöglichkeiten für die touristischen Akteure im Rahmen eines zielgerichteten Systems auszubauen (vgl. Pechlaner 2003, 75; Socher/Tschurtschenthaler 2002, 173).

Abbildung 9: Faktoren für die Notwendigkeit eines Qualifizierungssystems im Zielgebiet[48]

veränderte Wettbewerbsanforderungen	komplexe Qualifikationsanforderungen
• komplexere Dienstleistungen • steigende Bedeutung des Interaktionsprozesses • Notwendigkeit der Professionalisierung • Innovationsnotwendigkeit	• Unternehmerqualifikation • Mitarbeiterqualifikation
Notwendigkeit eines Qualifizierungssystems zur kontinuierlichen Weiterbildung der touristischen Akteure im Zielgebiet	

---

47 Der Ausdruck „Qualifizierungslücke" geht zurück auf Tschurtschenthaler (1999, 25).
48 Quelle: Eckhoff 2007, 75; gekürzt.

Hierbei darf sich das Destinationsmanagement nicht alleine auf institutionalisierte Angebote verschiedener Bildungsträger berufen, sondern hat die Aufgabe, auch die sich aus der Beteiligung an der kooperativen Destinationsentwicklung ergebenden Vorteile des Informationsaustausches zu verdeutlichen und zu fördern. Hierzu zählen – neben dem mehrfach angeführten und als zentralen Erfolgsfaktor geltenden Vertrauensaufbau – beispielsweise individuelle Informationsgewinne sowohl bezogen auf sachbezogene Erkenntnisse als auch auf strategische Hintergründe zu Meinungen und Positionen anderer Netzwerkpartner sowie die Möglichkeit, im Zuge von gemeinsamen Kooperationsprozessen bei anderen Akteuren ein Verständnis für die eigene Position zu erzeugen (vgl. Fuchs 2013, 89; Fuchs 2006, 59f.).

7. Fazit

Destinationen können als inter-organisationale strategische Netzwerke co-produzierender rechtlich selbständiger und zugleich zu einem gewissen Grad wirtschaftlich interdependenter Akteure angesehen werden. Die notwendige Abstimmung der Einzelbestandteile des Leistungsbündels erfolgt häufig über einen Community-Ansatz mit einer Tourismusorganisation bzw. DMO als zentraler Koordinationsinstanz, der zur Aufgabenerfüllung zumeist lediglich „weiche" Steuerungselemente zur Verfügung stehen.

Trotz einer häufig vorliegenden Coopetition-Situation streben Akteure durch ihre Beteiligung an der kooperativen Destinationsentwicklung bei der Verfolgung des übergeordneten Ziels der Gewinnung von Wettbewerbsvorteilen die Realisierung einer ganzen Reihe unterschiedlicher Nutzenerwartungen an. Hierbei kann sowohl auf Verbesserungen bei den Beziehungen zu Nachfragern und Lieferanten als auch auf die verbesserte Marktdurchdringung und -erschließung sowie auf Kosten- und Risikovorteile abgezielt werden. Aus ressourcen- bzw. kompetenzorientierter Perspektive treten durch Netzwerke induzierte Vorteile mittels der Kombination wertstiftender Ressourcen und komplementärer Kompetenzen in den Vordergrund. Weitere Vorteile wie das Entstehen oder die Stärkung regionaler Identitäten und eine verbesserte Transparenz der Interessen und Entscheidungen können hinzukommen.

Bei der Typisierung von Kooperationen im Destinationsmanagement kann zum einen auch bei der Destinationsentwicklung je nach Wertschöpfungsstufe der beteiligten Akteure zwischen vertikalen, horizontalen und lateralen Kooperationen und zum anderen nach mehreren gemäß ihrem Raumbezug definierten Kooperationsebenen differenziert werden.

Unter einer Vielzahl möglicher Erfolgsgrößen von Kooperationen und Netzwerken sind Faktoren wie die Auswahl der Partner, der Aufbau von Vertrauen, aber auch Kontroll- und Evaluationsmaßnahmen sowie die Kommunikations- und Koordinationsstrukturen des Netzwerkes von zentraler Bedeutung.

Die im Rahmen dieses Artikels ausgewählt dargestellten Hemmschwellen der kooperativen Destinationsentwicklung reichen von Defiziten in zentralen Grundvoraussetzungen wie den zur Verfügung stehenden Ressourcen und der Qualifikation der Tourismusakteure bis hin zu Rationalitätenfallen wie dem „Gefangenendilemma" und der „Tragik der Allmende". Die Überwindung dieser Herausforderungen stellt aufgrund ihrer Vielschichtigkeit und gegenseitigen Wechselwirkungen eine komplexe, anspruchsvolle und gleichzeitig kontinuierlich zu leistende Querschnittsaufgabe für das Destinationsmanagement dar.

Wenngleich der jeweils situative und destinationsspezifische Hintergrund individuell zugeschnittene Vorgehensweisen erforderlich macht, haben sich bei der Skizzierung möglicher Lösungsansätze einige besonders erfolgsrelevante Grundpfeiler herauskristallisiert. Dazu zählen u.a. die kontinuierliche und intensive Vertrauensbildung sowie Bewusstseinsschärfung für die besonderen Kooperationsnotwendigkeiten und potenziellen Mehrwerte einer kooperativen Destinationsentwicklung mittels motivational-kommunikativer Maßnahmen des Innenmarketings. Weitere Faktoren von übergreifender Bedeutung sind eine u.a. für die Lösung der Allmendeproblematik relevante, kollektive Selbstverpflichtung der involvierten Akteursgruppen zur Langfristorientierung und eine wettbewerbsbefähigende Ressourcenausstattung der Tourismusorganisationen.

Während einige der ausgewählten Hemmschwellen der kooperativen Destinationsentwicklung bereits als separate Einzelthematiken in wissenschaftlichen Publikationen beleuchtet werden konnten, zeichnet sich weiterer Forschungsbedarf insbesondere hinsichtlich einer ganzheitlichen, hemmschwellen-übergreifenden Analyse ab, in der weitere Hemmschwellen eruiert und auf Relevanz geprüft werden, und auf deren Basis eine weiterführende umfassende Systematisierung zu entwickeln wäre.

Literaturverzeichnis

Aas, C.; Ladkin, A.; Fletcher, J. (2005): Stakeholder Collaboration and Heritage Management. In: *Annals of Tourism Research*, 32, 1, S. 28-48.

Agarwal, S. (1994): The Resort Cycle revisited – Implications for Resorts. In: Cooper, C.; Lockwood, A. [Hrsg.] (1994): *Progress in Tourism Recreation and Hospitality Management*. Chichester, S. 194-208.

Alke, M. (2013): Verstetigung als Problemstellung in Netzwerken und Kooperationen der Weiterbildung. In: Dollhausen, K.; Feld, C.F.; Seitter, W. [Hrsg.] (2013): *Theorie und Emperie Lebenslanges Lernen. Erwachsenenpädagogische Kooperations- und Netzwerkforschung.* Bonn, S. 49-67.

Arbeitsgruppe „Neue Strukturen im Schweizer Tourismus" des Verbandes Schweizer Tourismusdirektoren; et.al. (1998): Neue Strukturen im Schweizer Tourismus – Das Konzept. In: Bieger, T.; Laesser, C. [Hrsg.] (1998): *Neue Strukturen im Tourismus – Der Weg der Schweiz.* Bern, Stuttgart, Wien, S. 16-50.

Bachinger, M.; Pechlaner, H. (2011): Netzwerke und regionale Kernkompetenzen: der Einfluss von Kooperationen auf die Wettbewerbsfähigkeit von Regionen. In: Bachinger, M.; Pechlaner, H.; Widuckel, W. [Hrsg.] (2011): *Regionen und Netzwerke. Kooperationsmodelle zur branchenübergreifenden Kompetenzentwicklung.* Wiesbaden, S. 3-28.

Becher, M. (2007): *Entwicklung eines Kennzahlensystems zur Vermarktung touristischer Destinationen.* (= Dissertation Universität Bayreuth). Wiesbaden.

Behrens, C.-U. (2000): *Makroökonomie im Studium für angehende Betriebswirt.* (= Diskussionsbeiträge aus dem Labor für Volkswirtschaftslehre, 7), Wilhelmshaven.

Bengtsson, M.; Kock, S. (2000): „Coopetition" in Business Networks – to Cooperate and Compete Simultaneously. In: *Industrial Marketing Management*, 29, S. 411-426.

Beritelli, P.; Bieger, T.; Boksberger, P. (2004): Destinations-Auditing – Ein integrativer Ansatz zur Evaluation der Effektivität und Effizienz im Destinationsmanagement. In: *Tourismus Journal*, 8, 1, S. 51-63.

Beritelli, P.; Bieger, T.; Laesser, C. (2007): Destination Governance: Using Corporate Governance Theories as a Foundation for Effective Destination Management. In: *Journal of Travel Research*, 46, 1, S. 96-107.

Bieger, T. (2008a): Destination. In: Fuchs, W.; Mundt, J.W.; Zollondz, H.-D. [Hrsg.] (2008): *Lexikon Tourismus – Destinationen, Gastronomie, Hotellerie, Reisemittler, Reiseveranstalter, Verkehrsträger.* München, S. 179-184.

Bieger, T. (2008b): *Management von Destinationen.* 7., unveränderte Auflage, München.

Bieger, T. (2010): *Tourismuslehre – Ein Grundriss.* 3., überarbeitete Auflage, Bern u.a.

Bieger, T.; Beritelli, P. (2013): *Management von Destinationen.* 8., aktualisierte und überarbeitete Auflage, München, Wien.

Bierhoff, H.-W. (2006): *Sozialpsychologie: Ein Lehrbuch.* 6., überarbeitete und erweiterte Auflage, Stuttgart.

Bleile, G. (2000): *Management des Wandels – Plädoyer für eine neue Tourismusorganisation – Tourismus verwalten oder professionell und profitabel gestalten?*. (= Akademie für Touristik Freiburg, Schriftenreihe Tourismus, 4), Merdingen.

Brandenburger, A.M.; Nalebuff, B.J. (1996): *Co-Opetition*. New York.

Brandenburger, A.M.; Nalebuff, B.J. (2007): *Coopetition: – kooperativ konkurrieren – Mit der Spieltheorie zum Unternehmenserfolg*. Frankfurt/Main.

Briassoulis, H. (2002): Sustainable Tourism and the Question of the Commons. In: *Annals of Tourism Research*, 29, 4, S. 1065-1085.

Büchter, K.; Gramlinger, F. (2004): Überlegungen zur Analyse der Wirksamkeit von Instrumenten und Maßnahmen zur Implementierung und Verstetigung von Netzwerken in der beruflichen Bildung. In: Gramlinger, F.; Büchter, K. [Hrsg.] (2004): *Implementation und Verstetigung von Netzwerken in der beruflichen Bildung*. Paderborn, S. 45-64.

Butler, R.W. (1980): The Concept of a Tourist Area Cycle of Evolution. Implications for Management of Resources. In: *Canadian Geographer*, 24, 1, S. 5-12.

Chin, K.-S.; Chan, B.-L.; Lam, P.-K. (2008): Identifying and prioritizing critical success factors for coopetition strategy. In: *Industrial Management & Data Systems*, 108, 4, S. 437-454.

Coletti, A.L.; Sedatole, K.L.; Towry, K.L. (2005): The effect of control systems on trust and cooperation in collaborative environments. In: *Accounting Review*, 80, 2, S. 477-500.

Cooper, C. (1994): The Destination Life Cycle – an Update. In: Seaton, A.V. [Hrsg.] (1994): *Tourism – The State of the Art*. Chichester, S. 340-346.

Crouch, G.I. (2006): *Destination Competitiveness – Insights into Attribute Importance*. (= Paper International Conference of Trends, Impacts and Policies on Tourism Development), Heraklion.

Crouch, G.I.; Ritchie, J.R.B. (1999): Tourism, Competitiveness and Societal Prosperity. In: *Journal of Business Research*, 44, S. 137-152.

Dammer, I. (2011): Gelingende Kooperation („Effizienz"). In: Becker, T.; Dammer, I.; Howaldt, J.; Loose, A. [Hrsg.] (2011): *Netzwerkmanagement – Mit Kooperation zum Unternehmenserfolg*. 3. überarbeitete und erweiterte Auflage, Heidelberg, S. 37-47.

Daskalopoulou, I.; Petrou, A. (2009): Urban Tourism Competitiveness. Networks and Regional Asset Base. In: *Urban Studies*, 46, 4, S. 779-801.

Dettmer, H.; Eisenstein, B.; Gruner, A.; Hausmann, T.; Kaspar, C.; Oppitz, W.; Pircher-Friedrich, A. M.; Schoolmann, G. (2005): *Managementformen im Tourismus*. München.

Dizdar, C. (2008): Matchbalance als Erfolgsfaktor von interorganisationalen Beziehungen. In: Hülsmann, M. [Hrsg.] (2008): *Kontinuitätsorientierte Koordination dynamischer Kooperationen*. Wiesbaden, S. 13-158.

Duschek, S. (2001): Kooperative Kernkompetenzen – Zum Management einzigartiger Netzwerkressourcen. In: Ortmann, G.; Sydow, J. [Hrsg.] (2001): *Strategie und Strukturation. Strategisches Management von Unternehmen, Netzwerken und Konzernen*. Wiesbaden, S. 173-189.

Eckhoff, M. (2007): *Qualität und Qualifizierung im Tourismus – Anforderungen an ein ganzheitliches Qualitäts- und Qualifizierungssystem in einer Destination*. (= Schriftenreihe des Instituts für Management und Tourismus (IMT), 2), München.

Eisenstein, B. (2014): *Grundlagen des Destinationsmanagements*. 2. Auflage, München.

Eisenstein, B.; Marks, N.; Maschewski, A.; Ruckpaul, N.; Ryll, C. (2006): *Entwicklung eines Strategischen Erfolgskennziffernsystems im Tourismus (SET)*. (= unveröffentlichter Projektbericht), Heide/Holstein.

Eisenstein, B.; Maschewski, A., et al. (2001): *Entwicklung eines Strategischen Erfolgskennziffernsystems im Tourismus (SET) Pilotstudie in der Destination Nordsee Schleswig-Holstein*. Heide/Holstein.

Evans, N.; Campbell, D.; Stonehouse, G. (2003): *Strategic Management for Travel and Tourism*. Oxford u.a.

Feld, T.C. (2011): *Netzwerke und Organisationsentwicklung in der Weiterbildung*. Bielefeld.

Fischer, A. (2014): *Sustainable Tourism: from mass tourism towards eco-tourism*. Bern.

Fischer, D. (2003): Destinationsmanagement – Lehren und Impulse aus der Praxis. In: Bieger, T.; Laesser, C. [Hrsg.] (2003): *Jahrbuch der Schweizerischen Tourismuswirtschaft 2002/2003*. St. Gallen, S. 1-12.

Fischer, E. (2009): *Das kompetenzorientierte Management touristischer Destinationen – Identifikation und Entwicklung kooperativer Kernkompetenzen*. (= Dissertation Katholische Universität Eichstätt-Ingolstadt), Wiesbaden.

Flagestad, A.; Hope, C.A. (2001): Strategic Success in Winter Sports Destinations – a Sustainable Value Creation Perspective. In: *Tourism Management*, 22, S. 445–461.

Forschungsinstitut Betriebliche Bildung (f-bb) (2010): *Umsetzungshilfen für berufliche Nachqualifizierung. Durch Netzwerke regionale Strukturentwicklung fördern. Netzwerkarbeit optimieren und verstetigen*. Bielefeld.

Franke, R. (2010): *Kooperationskompetenz im Global Business*. (= Interkulturalität und Wirtschaft, 1), Berlin.

Friedrichs Grängsjö, von, Y. (2003): Destination networking: Co-opetition in peripheral surroundings. In: *International Journal of Physical Distribution and Logistics Management*, 33, 5, S. 427-448.

Fuchs, O. (2006): *Touristic Governance. Kooperation als strategisches Element regionaler Tourismusentwicklung.* (= Dissertation Universität Hannover), Dortmund.

Fuchs, O. (2013): Destination Governance als Element strategischer Tourismusentwicklung. In: Saretzki, A.; Wöhler, K. [Hrsg.] (2013): *Governance von Destinationen. Neue Ansätze für die erfolgreiche Steuerung touristischer Zielgebiete.* Berlin, S. 81-101.

Fyall, A., Garrod, B. (2005): *Tourism marketing: a collaborative approach.* Clevedon.

Fyall, A.; Leask, A. (2006): Destination Marketing. Future Issues – Strategic Challenges. In: *Tourism and Hospitality Research*, 7, 1, S. 50-63.

Genosko, J. (1999): *Netzwerke in der Regionalpolitik.* Marburg.

Gibson, L.; Lynch, P. (2007): Networks: Comparing Community Experiences. In: Michael, E.J. [Hrsg.] (2007): *Micro-Clusters and Networks: The Growth of Tourism.* Oxford, S. 107-126.

Hardin, G.J. (2005): The tragedy of the commons. In: Redclift, M. [Hrsg.] (2005): *Sustainability. Critical Concepts in the Social Sciences*, London u.a., S. 75-88.

Herkner, W. (2004): *Lehrbuch Sozialpsychologie.* 2. Auflage, Bern u.a.

Howaldt, J.; Ellerkmann, F. (2011): Entwicklungsphasen von Netzwerken und Unternehmenskooperationen. In: Becker, T. [Hrsg.] (2011): *Netzwerkmanagement: mit Kooperation zum Unternehmenserfolg.* Berlin, S. 23-35.

Hülsmann, M.; Cordes, P. (2008): Verstetigung als Problem des Managements von Kooperationen. In: Hülsmann, M. [Hrsg.] (2008): *Kontinuitätsorientierte Koordination dynamischer Kooperationen.* Wiesbaden, S. 1-12.

Institut für Management und Tourismus (IMT) [Hrsg.] (2010): *Touristische Nachfrage und Wirtschaftliche Effekte des Tourismus 2009, Auswertungsergebnisse für das Land Brandenburg, Auszug aus dem Kennzahlensystem des Landes Brandenburg.* (= unveröffentlichter Projektbericht), Heide/Holstein.

Institut für Management und Tourismus (IMT) [Hrsg.] (2013): *Destination Brand 13. Studie zur Themenkompetenz deutscher Urlaubsziele.* Heide/Holstein.

Jacobi, F. (1996): *Ansatzpunkte zur Bewertung von Kooperationen im Tourismus am Beispiel ausgewählter Ferienorte des Alpenraums.* (= Dissertation Universität St. Gallen), Bamberg.

Jamal, T.B.; Stronza, A. (2009): Collaboration Theory and Tourism Practice in Protected Areas: Stakeholders, Structuring and Sustainability. In: *Journal of Sustainable Tourism*, 17, 2, S. 169-189.

Jansen, S.A.; Schleissing, S. (2000): *Konkurrenz und Kooperation – Interdisziplinäre Zugänge zur Theorie der Co-opetition.* Marburg.

Jóhannesson, G.T. (2005): Tourism Translations. Actor-Network Theory and Tourism Research. In: *Tourist Studies*, 5, 2, S. 133-150.

Kappler, A.; Boksberger, P. (2007): Balanced Scorecard als Führungs- und Monitoringinstrument im Tourismus. In: Bieger, T.; Laesser, C. [Hrsg.] (2007): *Jahrbuch der Schweizerischen Tourismuswirtschaft 2007.* St. Gallen, S. 53-68.

Kirstges, T. (2003): *Sanfter Tourismus: Chancen und Probleme der Realisierung eines ökologieorientierten und sozialverträglichen Tourismus durch deutsche Reiseveranstalter.* 3., vollständig überarbeitete und erweiterte Auflage, München, Wien.

Knop, R. (2009): *Erfolgsfaktoren strategischer Netzwerke kleiner und mittlerer Unternehmen: ein IT-gestützter Wegweiser zum Kooperationserfolg.* (= Dissertation Universität Klagenfurt), Wiesbaden.

Kozak, M.; Baloglu, S. (2011): *Managing and Marketing Tourist Destinations. Strategies to Gain a Competitive Edge.* New York.

Ladkin, A. (2002): Collaborative Tourism Planning. A Case Study of Cusco, Peru. In: *Current Issues in Tourism*, 5, 2, S. 71-93.

Laux, S. (2012): Destinationen im globalen Wettbewerb – Kooperationsbildung als primäre Aufgabe eines zukunftsweisenden Destinationsmanagements. In: Soller, J. [Hrsg.] (2012): *Erfolgsfaktor Kooperation im Tourismus. Wettbewerbsvorteile durch effektives Stakeholdermanagement.* Berlin, S. 13-28.

Laux, S.; Soller, J. (2012): Kooperationsbildung als Erfolgsstrategie für touristische Unternehmen. In: Soller, J. [Hrsg.] (2012): *Erfolgsfaktor Kooperation im Tourismus. Wettbewerbsvorteile durch effektives Stakeholdermanagement.* Berlin, S. 29-55.

Lemmetyinen, A.; Go, M.F. (2009): The key capabilities required for managing tourism busi-ness networks. In: *Tourism management: research, policies, practice*, 30, 1, S. 31-40.

Letzner, V. (2010): *Tourismusökonomie. Volkswirtschaftliche Aspekte rund ums Reisen.* München.

Liebhart, U. (2002): *Strategische Kooperationsnetzwerke: Entwicklung, Gestaltung und Steuerung.* (= Dissertation Universität Klagenfurt), Wiesbaden.

Liebhart, U. (2007): Unternehmenskooperationen: Aufbau, Gestaltung und Nutzung. In: Neumann, R. [Hrsg.] (2007): *Management-Konzepte im Praxistest: State of the art, Anwendungen, Erfolgsfaktoren.* Wien, S. 295-350.

Linkenbach, R. (2009): *Innenmarketing im Tourismus: ein Leitfaden für die Praxis.* 2., korrigierte Auflage, Gerlingen.

Mellewigt, T. (2003): *Management von strategischen Kooperationen: eine ressourcen-orientierte Untersuchung in der Telekommunikationsbranche.* (= Habilitationsschrift Universität Mainz), Wiesbaden.

Messner, D. (1995): *Die Netzwerkgesellschaft – Wirtschaftliche Entwicklung und internationale Wettbewerbsfähigkeit als Probleme gesellschaftlicher Steuerung.* (= Schriftenreihe des Deutschen Instituts für Entwicklungspolitik, 108), Köln.

Michel, U. (1996): *Wertorientiertes Management strategischer Allianzen.* München.

Müller, H. (2007): *Tourismus und Ökologie. Wechselwirkungen und Handlungsfelder.* 3., überarbeitete Auflage, München, Wien.

Müller, H. (2008): *Freizeit und Tourismus – Eine Einführung in Theorie und Politik.* (= Berner Studien zu Freizeit und Tourismus, 41), 11., erweiterte und aktualisierte Auflage, Bern.

Mundschütz, C. (2012): Fundamentals of SME cross-border cooperation. In: Sternad, D.; Knappitsch, E.; Mundschütz, C. [Hrsg.] (2012): *Cross-border cooperation. European Institutional Framework and Strategies of SMEs.* Stuttgart, S. 7-110.

Naipaul, S.; Wang, Y.; Okumus, F. (2009): Regional destination marketing: a collaborative approach. In: *Journal of travel and tourism marketing,* 26, 5-6, S. 462-481.

Pechlaner, H. (2003): *Tourismus-Destinationen im Wettbewerb.* (= Habilitationsschrift Universität Innsbruck), Wiesbaden.

Pechlaner, H.; Raich, F. (2008): Vom Entrepreneur zum „Interpreneur" – die Rolle des Unternehmers im Netzwerk Tourismus. In: Weiermair, K.; Peters, M.; Pechlaner, H.; Kaiser, M.-O. [Hrsg.] (2008): *Unternehmertum im Tourismus. Führen mit Erneuerungen.* 2., neu bearbeitete und erweiterte Auflage, Berlin, S. 111-125.

Peters, M. (2003): Unternehmertum und unternehmerische Prozesse. In: Pechlaner, H.; Summerer, M.; Peters, M.; Matzler, K. [Hrsg.] (2003): *Unternehmertum in der Hotellerie – Management und Leadership.* (= Arbeitsheft der Europäischen Akademie), Bozen, S. 8-52.

Peters, M.; Schuckert, M.; Weiermair, K. (2008): Die Bedeutung von Marken im Management von Tourismus-Destinationen. In: Bruhn, M.; Stauss, B. [Hrsg.] (2008): *Dienstleistungs-marken.* Wiesbaden, S. 303-323.

Porter, M.E. (1995): *Wettbewerbsstrategie: Methoden zur Analyse von Branchen und Konkurrenten = (Competitive strategy).* 8. Auflage, Frankfurt/Main.

Pyo, S. (2012): Measuring tourism chain performance. In: Scott, N.; Laws, E. [Hrsg.] (2012): *Advances in service network analysis.* New York, S. 89-102.

Raich, F. (2006): *Governance räumlicher Wettbewerbseinheiten. Ein Ansatz für die Tourismus-Destination.* (= Dissertation Universität Innsbruck), Innsbruck.

Reiß, M. (2001): Netzwerk-Kompetenz. In: Corsten, H. [Hrsg.] (2001): *Unternehmensnetzwerke: Formen unternehmensübergreifender Zusammenarbeit.* München, Wien, S. 123-187.

Ritchie, J.R.B.; Crouch, G.I. (2000): The Competitive Destination – A sustainable Perspective. In: *Tourism Management,* 21, Special Issue, S. 1-7.

Ritchie, J.R.B.; Crouch, G.I. (2003): *The Competitive Destination – A sustainable Tourism Perspective.* Wallingford, Cambridge.

Rupprecht-Däullary, M. (1994): *Zwischenbetriebliche Kooperation: Möglichkeiten und Grenzen durch neue Informations- und Kommunikationstechnologien.* (= Dissertation Technische Universität München), Wiesbaden.

Saretzki, A. (2007): Touristische Netzwerke als Chance und Herausforderung. In: Egger, R.; Herdin, T. [Hrsg.] (2007): *Tourismus Herausforderung Zukunft.* Wien, S. 275-293.

Saretzki, A.; Wilken, M.; Wöhler, K. (2002): *Lernende Tourismusregionen: Vernetzung als strategischer Erfolgsfaktor kleiner und mittlerer Unternehmen.* (= Beiträge zu Wissenschaft und Praxis, 3), Münster.

Scherer, F.; Ross, D. (1990): *Industrial Market Structure and Economic Performance.* 3. Auflage, Dallas.

Scherle, N. (2006): *Bilaterale Unternehmenskooperationen im Tourismussektor. Ausgewählte Erfolgsfaktoren.* (= Dissertation Katholische Universität Eichstätt-Ingolstadt), Wiesbaden.

Schieban, L. (2008): *Unterschiedliche Managementansätze zur Führung von Skidestinationen – Ein europäisch-nordamerikanischer Vergleich anhand ausgewählter Beispiele.* Saarbrücken.

Schuckert, M.; Luthe, T.; Wyss, R.; Gasser, R. (2011): Das Emmental: Relevanz und Implika-tionen aus Netzwerkstrukturen bei der Entwicklung touristischer Destinationen. In: Boksberger, P.; Schuckert, M. [Hrsg.] (2011): *Innovationen in Tourismus und Freizeit. Hypes, Trends, Entwicklungen.* (= Schriften zu Tourismus und Freizeit, 12), Berlin, S. 169-178.

Schumann, J.; Meyer, U.; Ströbele, W. (1999): *Grundzüge der mikroökonomischen Theorie.* 7. Auflage, Berlin u.a.

Schuler, A. (2012): Destinationen im ländlichen Raum. In: Rein, H.; Schuler, A. [Hrsg.] (2012): *Tourismus im ländlichen Raum.* Wiesbaden, S. 94-108.

Schuppert, G.F. (1989): Markt, Staat, Dritter Sektor – oder noch mehr? Sektorspezifische Steuerungsprobleme ausdifferenzierter Staatlichkeit. In: Ellwein, T.; Hesse, J.J.; Mayntz, R.; Scharpf, F.W. [Hrsg.] (1989): *Jahrbuch zur Staats- und Verwaltungswissenschaft.* Baden-Baden, S. 47-87.

Schwamborn, S. (1994): *Strategische Allianzen im internationalen Marketing: Planung und portfolioanalytische Beurteilung.* (= Dissertation Universität Köln), Wiesbaden.

Scott, N.; Cooper, C.; Baggio, R. (2008): Destination Networks. Four Australian Cases. In: *Annals of Tourism Research*, 35, 1, S. 169-188.

Socher, K.; Tschurtschenthaler, P. (2002): Destination Management – Die ordnungspolitische Perspektive und die Rolle flankierender Politikbereiche: Umwelt-, Raumordnungs-, Bildungs-, Verkehrs- und Kulturpolitik. In: Pechlaner, H.; Weiermair, K.; Laesser, C. [Hrsg.] (2002): *Tourismuspolitik und Destinationsmanagement – Neue Herausforderungen und Konzepte.* Bern u.a., S. 145-176.

Staber, U. (2007): Sleeping with the Enemy, oder Vorsicht vor falschen Freunden – Sozioökonomische Überlegungen zum Dilemma der Coopetition. In: Schreyögg, G.; Sydow, J. [Hrsg.] (2007): *Kooperation und Konkurrenz.* Wiesbaden, S. 257-286.

Steinecke, A. (2013): *Destinationsmanagement.* Konstanz, München.

Swoboda, B.; Meierer, M.; Foscht, T.; Morschett, D. (2011): International SME alliances: the impact of alliance building and configurational fit on success. In: *Long Range Planning*, 44, 4, S. 271-288.

Sydow, J. (1992a): *Strategische Netzwerke. Evolution und Organisation.* (= Habilitationsschrift Freie Universität Berlin), Wiesbaden.

Sydow, J. (1992b): Strategische Netzwerke und Transaktionskosten. In: Staehle, von, W.H.; Conrad, P. [Hrsg.] (1992): *Managementforschung 2*, Berlin, New York, S. 239-311.

Sydow, J. (1999a): Management von Netzwerkorganisationen – Zum Stand der Forschung. In: Sydow, J. [Hrsg.] (1999b): *Management von Netzwerkorganisationen: Beiträge aus der „Managementforschung".* Wiesbaden, S. 279-314.

Tanguay, G.A.; Rajaonson, J.; Therrien, M.-C. (2013): Sustainable tourism indicators: selection criteria for policy implementation and scientific recognition. In: *Journal of Sustainable Tourism*, 21, 6, S. 862-879.

Thimm, T. (2011): Coopetition als Managementgrundlage der internationalen Destination Bodensee. In: Boksberger, P.; Schuckert, M. [Hrsg.] (2011): *Innovationen in Tourismus und Freizeit. Hypes, Trends und Entwicklungen.* (= Schriften zu Tourismus und Freizeit, 12), Berlin, S. 195-212.

Tschurtschenthaler, P. (1999): Destination Management/Marketing als (vorläufiger) Endpunkt der Diskussion der vergangenen Jahre im alpinen Tourismus. In: Pechlaner, H.; Weiermair, K. [Hrsg.] (1999): *Destinations-Management – Führung und Vermarktung von touristischen Zielgebieten.* (= Schriftenreihe Management und Unternehmenskultur, 2), Wien, S. 7-35.

Tschurtschenthaler, P. (2002): Umwelt und Tourismus – ein Allokations- und Distributionsproblem bei der Nutzung knapper Ressourcen. In: Langer, G. [Hrsg.] (2002): *Tourismus und Landschaftsbild: Nutzen und Kosten der Landschaftspflege.* (= Tagungsband zum Workshop „Methodik – Umwelt – Tourismus" an der Universität Innsbruck im Juni 1993), 2., unveränderte Auflage, Innsbruck, S. 21-49.

Ullmann, S. (2000): *Strategischer Wandel im Tourismus – Dynamische Netzwerke als Zukunftsperspektive.* (= Dissertation Universität Trier), Wiesbaden.

Wang, Y. (2008): Collaborative Destination Marketing: Understanding the Dynamic Process. In: *Journal of Travel Research,* 47, 2, S. 151-166.

Watzlawick. P. (1996): *Wie wirklich ist die Wirklichkeit. Wahn – Täuschung – Verstehen.* München, Zürich.

Weizsäcker, von, C.C. (2000): *Logik der Globalisierung.* (= Kleine Reihe V&R, 4010, Serie Ökonomische Einsichten), 2., durchgesehene Auflage, Göttingen.

Wöhler, K. (1997): *Marktorientiertes Tourismusmanagement – Tourismusorte: Leitbild, Nachfrage- und Konkurrenzanalyse.* Berlin u.a.

Wöhler, K. (2002): Internalisierungsbereitschaft externer Kosten umweltverträglicher Angebote bei Urlaubern. In: Langer, G. [Hrsg.] (2002): *Tourismus und Landschaftsbild: Nutzen und Kosten der Landschaftspflege.* (= Tagungsband zum Workshop „Methodik – Umwelt – Tourismus" an der Universität Innsbruck im Juni 1993), 2., unveränderte Auflage, Innsbruck, S. 213-242.

Wojda, F.; Herfort, I.; Barth, A. (2006): Ansatz zur ganzheitlichen Betrachtung von Kooperationen und Kooperationsnetzwerken und die Bedeutung sozialer und personeller Einflüsse. In: Wojda, F.; Barth, A. [Hrsg.] (2006): *Innovative Kooperationsnetzwerke.* Wiesbaden. S. 1-26.

Woratschek, H.; Roth, S.; Pastowski, S. (2003): Kooperation und Konkurrenz in Dienstleistungsnetzwerken – Eine Analyse am Beispiel des Destinationsmanagements. In: Bruhn, M.; Stauss, B. [Hrsg.] (2003): *Dienstleistungsnetzwerke.* Wiesbaden, S. 253-286.

World Tourism Organization (UNWTO) (1993): *Yearbook of Tourism Statistics.* Madrid.

Zehrer, A.; Raich, F. (2012): Applying a lifecycle perspective to explain tourism network development. In: Scott, N.; Laws, E. [Hrsg.] (2012): *Advances in service network analysis.* New York, S. 103-125.

Elektronische Quellen:

Baur, N.; Volle, B.; Quack, H.-D. (2004): *Forschungsprojekt. Optimierung der Organisationsstrukturen im Destinationsmanagement. Zusammenfassung.*

[pdf] Salzgitter. http://www.ostfalia.de/export/sites/default/de/k/download/ abschlussbericht_destinationsmanagement.pdf [letzter Zugriff: 22.02.2015].

Bogenstahl, C.; Imhof, H. (2009): *Erfolgsfaktoren des Managements interorganisationaler Netzwerke – eine narrative Metaanalyse.* (= Beitrag zur TIM Working Paper Series), [pdf] Berlin. https://www.tim.tu-berlin.de/fileadmin/ fg101/TIM_Working_Paper_Series/Volume_2/TIM_WPS_Erfolgsfaktoren_ des_Managements_interorganisationaler_Netzwerke.pdf [letzter Zugriff: 18.01.2015].

Cogiel, N.; Obier, C. (2013): *Nachhaltige Finanzierung kommunaler touristischer Aufgaben – eine Handlungshilfe. Teil 1: Modelle freiwilliger Beteiligung der (Tourismus-)Wirtschaft.* [pdf] Koblenz. http://www.tourismusnetzwerk.info/ download/140207_THV.pdf [letzter Zugriff: 09.01.2015].

Deutsche Zentrale für Tourismus e.V. (DZT) (2014): *Die DZT.* [online] Frankfurt/ Main. http://www.germany.travel/de/parallel-navigation/ueber-uns/die-dzt/ die-dzt.html [letzter Zugriff: 22.02.2015].

Deutscher Tourismusverband (DTV) (2015): *Verband. Struktur und Aufgaben.* [online] Berlin. http://www.deutschertourismusverband.de/verband/aufgabenstrukturen.html [letzter Zugriff: 22.02.2015].

Eisenstein, B.; Köchling, A. (2013): *Das Projekt "Touristisches Nachfragemonitoring Schleswig-Holstein".* (= Präsentation im fachforum* Marktforschungstag Tourismus Schleswig-Holstein am 09.09.2013), [pdf] Kiel, S. 4-35. http:// www.sh-business.de/download.php?artid=%7Bbf81aad9-f138-4f17-0529- 2927fa64096e%7D [letzter Zugriff: 15.10.2014].

Elsholz, U.; Jäkel, L.; Megerle, A.; Vollmer, L.-H. (2006): *Verstetigung von Netzwerken.* [pdf] Berlin. http://www.abwf.de/content/main/publik/handreichungen/lipa/012_88hand-12.pdf [letzter Zugriff: 13.10.2014].

Fischbach, J. (2009): *Entwicklung einer operationalen Tourismusmarketingkonzeption für den Kreis Olpe.* (= Dissertation Philipps-Universität Marburg), [pdf] Marburg. http://archiv.ub.uni-marburg.de/diss/z2009/0457/pdf/djf.pdf [letzter Zugriff: 13.10.2014].

Frick, H.-J.; Hokkeler, M. (2008): *Interkommunale Zusammenarbeit. Handreichung für die Kommunalpolitik.* [pdf] Bonn. http://library.fes.de/pdf-files/akademie/ kommunal/05825.pdf [letzter Zugriff: 13.10.2014].

Ministerium für Wirtschaft, Arbeit, Verkehr und Technologie des Landes Schleswig-Holstein [Hrsg.] (2014): Tourismusstrategie Schleswig-Holstein 2025. [pdf] Kiel. http://www.sh-business.de/download.php?artid=%7B2543dfdf-76d1- ed8a-7bee-862a9fafe435%7D [letzter Zugriff: 07.02.2015].

Ostdeutscher Sparkassenverband (OSV) [Hrsg.] (2013): *Wer soll das bezahlen? Leitfaden zur Finanzierung und Organisation des Tourismus auf*

Ortsebene. [pdf] Berlin. http://www.dwif.de/images/stories/Referenzen/Tourismusfinanzierung_OSV_Leitfaden_dwif.pdf [letzter Zugriff: 04.04.2015].

Tourismus Marketing Gesellschaft Sachsen mbH (TMGS) [Hrsg.] (2014): *Geschäftsbericht 2013.* [pdf] Dresden. http://www.sachsen-tourismus.de/fileadmin/userfiles/TMGS/Startseite/Partner/TMGS_Berichte/TMGS_GB_2013.pdf [letzter Zugriff: 04.04.2015].

Tourismus NRW e.V. [Hrsg.] (2014): *Marktforschungsoffensive.* [pdf] Düsseldorf. http://www.touristiker-nrw.de/marktforschung/marktforschungsoffensive/ [letzter Zugriff: 15.10.2014].

Tourismusverband Mecklenburg-Vorpommern (TMV) [Hrsg.] (2014): *Werden Sie Waldaktionär.* [online] Rostock: http://www.waldaktie.de/ [letzter Zugriff: 15.10.2014].

Wollesen, A.; Köchling, A.; Krüger, M. (2012): *Vorteile durch Koordination in der Marktforschung* (= Präsentation auf dem Tourismustag Schleswig-Holstein am 22.11.2012), [pdf] Damp. http://www.sh-business.de/download.php?artid=%7B15205974-df0c-de82-7266-beb8fe8d4c24%7D [letzter Zugriff: 15.10.2014].

Sonja Göttel

Chancen und Herausforderungen grenzüberschreitender Kooperationen im Tourismus

1. Einleitung

Grenzregionen liegen per Definition „am Rand" eines Landes und damit oft weitab der touristischen Quellzentren in den Ballungsgebieten. Häufig sind Grenzregionen gekennzeichnet durch ländliche Räume mit weitgehend freien Flächen, unbebauter Natur und einer artenreichen Fauna und Flora. So existieren beispielsweise eine Vielzahl von grenzüberschreitenden Naturparks (vgl. Timothy 2000, 20). Durch ihre besondere Geschichte und Kultur verfügen Grenzregionen darüber hinaus oft über zusätzliche Attraktionspunkte wie unterschiedliche Kulturen, Sprachen, Traditionen und Mentalitäten, die auf Besucher anziehend wirken können (vgl. Frys 2010, 420; Timothy 2000, 23). Aufgrund ihrer peripheren Lage und der oft vorhandenen strukturellen und wirtschaftlichen Schwäche fällt es Grenzregionen jedoch zum Teil schwer, sich am internationalen touristischen Markt zu behaupten.

Der vorliegende Beitrag behandelt die Frage, ob und auf welche Weise grenzüberschreitende touristische Kooperationen in Grenzregionen als Mittel zur Wettbewerbssteigerung und Destinationsentwicklung genutzt werden können. Trotz vielfältiger Kooperationsbeziehungen zwischen touristischen Akteuren in Grenzregionen liegen bisher erst wenige wissenschaftliche Studien zu grenzüberschreitenden Tourismuskooperationen vor. Im Folgenden wird erörtert, welche Chancen, Herausforderungen und Erfolgsfaktoren mit grenzüberschreitenden Kooperationen in Grenzregionen verbunden sind. Mittels ausgewählter Fallbeispiele wird darüber hinaus die Vielfalt bestehender Kooperationsprojekte aufgezeigt.[1]

---

1 Im Wintersemester 2013/2014 wurde von der Autorin unterstützend zum vorliegenden Artikel ein Studienseminar *Network and Cooperation Management in Tourism* an der Fachhochschule Westküste in Heide durchgeführt. Basierend auf vorhandener Literatur zu Netzwerkmanagement, Kooperationen und Destinationsentwicklung haben Studierende des Masterstudienganges *International Tourism Management* zunächst allgemeine Bedingungen und Potenziale für Kooperationen im Destinationsmanagement

2. Kooperationen im Destinationsmanagement

Destinationen sind räumlich definierte Wettbewerbseinheiten, die Produkte oder Produktbündel darstellen, welche für den Aufenthalt des Gastes aus seiner Sicht bestimmend sind (vgl. Pechlaner 2003, 1). Ausschlaggebend für den räumlichen Zuschnitt einer Destination ist die Wahrnehmung durch den Gast. So kann eine Destination ein Ort sein, eine ganze Region, ein Land oder auch eine Ländergruppe (Bieger/Beritelli 2013, 53). Bei der Wahl des Reiseziels vergleicht der Gast die Leistungsbündel touristischer Räume untereinander und sucht sich das für seine Bedürfnisse passendste Angebot aus (ebd.).

Kooperationsbeziehungen zwischen unterschiedlichen Leistungsträgern garantieren die Erfüllung der vielzähligen Aufgaben und Funktionen einer Destination und internalisieren externe Effekte (vgl. Pechlaner 2003, 5). Sie ermöglichen die Erstellung von Produkten und Dienstleistungen im Verbund, die durch die Partner allein nicht realisiert werden können (Bogenstahl 2011, 1; Wang 2008, 152). Erst durch Vernetzung der Leistungsträger einer Destination kann daher eine gemeinsame Angebots- und Markenentwicklung mit Skalen- und Netzwerkeffekten erreicht werden (vgl. Pyo 2012, 89; Scherhag 2007, 352-355; Schuckert et al. 2011, 175; Zehrer/Raich 2012, 103). In diesem Sinne können Destinationen auch als inter-organisationale strategische Netzwerke co-produzierender Akteure angesehen werden (vgl. Baggio 201, 50-58; Haugland et al. 2011, 268; Laux 2012, 14; Meriläinen/Lemmetyinen 2011, 26).

Ein touristisches Netzwerk stellt eine strategische Organisationsform zwischen mehr als zwei rechtlich selbständigen Akteuren mit dem Ziel der Realisierung von Wettbewerbsvorteilen dar. Die Beziehungen der Akteure im Netzwerk sind zumeist gekennzeichnet durch komplex-reziproke, kooperative und relativ stabile Beziehungen (vgl. Meriläinen/Lemmetyinen 2011, 26; Saretzki 2007, 275-276; Sydow 1992, 79). Als grenzüberschreitendes touristisches Netzwerk wird im Folgenden jedes touristische Netzwerk mit mindestens einem Partner aus einem anderen Staat angesehen.

Die zunehmende Komplexität und Dynamik im Tourismus führen zu einer immer stärkeren Bedeutung der regionalen Vernetzung als Basis zur Generierung lokaler bzw. regionaler Alleinstellungsmerkmale, erfolgreicher Profilierung und nachhaltiger Tourismusentwicklung (vgl. Laux 2012, 14; Saretzki

---

analysiert. Im zweiten Schritt erfolgte eine Recherche und Analyse von grenzüberschreitenden Kooperationsprojekten im Tourismus sowie die Entwicklung eines halbstandardisierten Leitfadens zur Befragung ausgewählter Projektpartner. Die Befragung erfolgte per Telefon und Email im Zeitraum Dezember 2013 bis Januar 2014.

2007, 279; Scherhag 2007, 361). Die Gleichzeitigkeit von Kooperation und Wettbewerb (Coopetition) ist dabei in der Regel ein kennzeichnendes Element von Kooperationen im Destinationsmanagement (vgl. Laux 2012, 14; Thimm 2011, 196; von Friedrichs Grängsjö 2003, 428; Wang 2008, 161; Wang/Krakover 2008, 127). Konkurrenz und Kooperationsdenken schließen sich nicht länger aus, sondern werden komplementär zur Erreichung von Wettbewerbszielen genutzt (vgl. Laux 2012, 14). Netzwerke können, als integrierte Systeme unternehmerischer Aktivitäten, die Eigenständigkeit der beteiligten Akteure gewährleisten und gleichzeitig gemeinsame Interessen unterstützen. Sie eignen sich daher als Ansatz für ein zukunftsorientiertes Destinationsmanagement (vgl. Saretzki 2007, 288). Entsprechend wird die Kooperationsdichte einer Destination zunehmend als zentraler Wettbewerbsfaktor innerhalb des Destinationsmanagements wahrgenommen (vgl. Bramwell/Lane 2000, 2; Eisenstein 2014, 133; Laux 2012, 14; Pechlaner 2003, 5; Saretzki 2007, 279; Scherhag 2007, 361; Scott/Laws 2012, 8).

Gerade im Destinationsmanagement ist der Erfolg einzelner Unternehmen stark mit dem Erfolg der Destination als Ganzes verknüpft (Saretzki 2007, 279). Durch diese enge Verknüpfung sind touristische Unternehmensnetzwerke sowohl Input als auch Output einer Destination (Tinsley/Lynch 2001, 374). Sie können die Wettbewerbsfähigkeit einer Destination steigern und profitieren vice versa durch die entstehenden Kompetenzen (vgl. Denicolai el al. 2010, 265; Haugland et al. 2011, 269). Mögliche Arbeitsfelder für regionale Kooperationen sind z.b. gemeinsame Produktentwicklung, gemeinsames Marketing, gemeinsame Projekte sowie Steigerung der Wettbewerbsfähigkeit der Region (vgl. Pechlaner et al. 2012, 27). Gerade für kleinere Unternehmen ist Vernetzung ein geeignetes Mittel zur Erweiterung des Handlungsspielraums ohne die jeweilige Eigenständigkeit aufzugeben (vgl. Laux/Soller 2012, 31-32; Lemmetyinen/Go 2009, 33). Inter-organisationale Kooperationen bieten den Vorteil des Zugangs zu einem Pool von komplementären Kompetenzen und Fähigkeiten, die sich flexibel kombinieren und einsetzen lassen und zur Entwicklung innovativer Produkte und Erschließung neuer Märkte genutzt werden können (Bogenstahl 2011, 15).

Oft verfolgen Kooperationen mehrere unterschiedliche Zielsetzungen, die sich untereinander bedingen. Die in der Literatur häufig genannten Motive und Zielsetzungen für Kooperationen sind in der folgenden Tabelle zusammengefasst.

Tabelle 1: *Übersicht zentraler Motive und Zielsetzungen für Kooperationen*[2]

Ziele	Beschreibung/Beispiele
Kostenorientierte Ziele	Kostenteilung (z.B. F&E/Investitionen), Reduktion der Transaktionskosten, Skalen- und Verbundeffekte, Synergieeffekte durch Zusammenlegung von Funktionen
Zeitorientierte Ziele	beschleunigte Produktentwicklung und -vermarktung, flexibler Ressourceneinsatz, schnellere Reaktionszeiten
Sicherheitsorientierte Ziele/ Risikominderung	z.B. bei Produktentwicklungen, Konjunkturschwankungen, technischen Neuerungen, Strukturveränderungen; Vorteil der Produktdiversifikation
Marktorientierte Ziele	Zugang zu internationalen Märkten, Überwindung von Restriktionen und Handlungsbarrieren, Nutzung von Marktkenntnissen
Wettbewerbs-, und prestigeorientierte Ziele	Beeinflussung der Wettbewerbsstruktur, stärkere Präsenz auf Auslandsmärkten, Image, Branding, Positionierung, Profilierung
Qualitätsorientierte Ziele	Qualitätssteigerung, Erhöhung der Kundenbindung, Erweiterung des Leistungsangebotes, Imagegewinne
Kompetenzorientierte Ziele	Wissensmanagement, Innovationen, kollektive Lernprozesse, Zugang zu Know-how, Konzentration auf Kernkompetenzen durch Know-how Transfer
Ressourcenorientierte Ziele	Zugang zu bzw. Sicherung von relevanten Ressourcen, Pooling von Ressourcen, Beschaffungsvorteile, Preisvorteile

Viele Kooperationen im Destinationsmanagement können als regionale Netzwerke klassifiziert werden. Regionale Netzwerke zeichnen sich dadurch aus, dass ihre Akteure in räumlicher Nähe zueinander angesiedelt sind und sie meist vor allem kleine und mittlere Akteure umfassen (vgl. Bachinger/Pechlaner 2011, 8). Regionale Netzwerke bieten über die oben genannten allgemeinen Zielsetzungen hinaus den Vorteil, Wertschöpfungseffekte unmittelbar im und für das Kooperationsgebiet zu generieren. Durch Vernetzung können sie regionale Kräfte bündeln und Mehrwerte für unterschiedliche regionale Akteure und Stakeholder-Gruppen erzeugen (vgl. Bachinger et al. 2011, vi). Das Zusammenbringen von Wissen, Erfahrungen und komplementären Ressourcen der unterschiedlichen Stakeholder

---

2 Eigene Darstellung basierend auf Bachinger/Pechlaner 2011, 15-20; Bogenstahl 2011, 15; Bruhn 2005, 1285; Jacobi, 1996, 129; Meyer, 2004, 51; Saretzki 2007, 277-280; Scherle 2006, 32; Wrona/Schell 2005, 335-338.

führt zu Wettbewerbsvorteilen gegenüber weniger vernetzten Destinationen (vgl. Scott/Laws 2012, 8). Die regionale Nähe hat zudem den Vorteil, dass sich die Wahrscheinlichkeit von face-to-face Kontakten zwischen den Kooperationspartnern erhöht. Dies stellt die Grundlage für die Entwicklung von gemeinsamen Werten und die Teilung von implizitem Wissen dar. Regionale Nähe senkt ferner die Unsicherheit der Interaktion, da mögliches opportunistisches Verhalten der Partner besser beobachtet werden kann (Bachinger/Pechlaner 2011, 6). Zudem bietet regionale Vernetzung die Chance, dynamische Standorteffekte (z.b. regionaler Wissens-Spillover) und regionale Reputation zu fördern (vgl. Bachinger/Pechlaner 2011, 17-18). Regionale Kooperationen können die Flexibilität der regionalen Entwicklung steigern, eine höhere Akzeptanz für gemeinsame Problemlösungen erreichen, Konfliktpotenziale entschärfen und die regionale Identität fördern (vgl. Saretzki 2007, 279). Sie können zu einer besseren gesellschaftlichen Unterstützung für die Destinationsentwicklung sowie zur Steigerung oder Neufindung eines Gemeinschaftsgefühls beitragen (vgl. Gibson/Lynch 2007, 109). Ergänzend können sie positiv auf die Steigerung der Besucherzahlen, die Wiederholungsbesucherrate, die Verbesserung der Produktqualität und die „visitor experience" wirken und eignen sich besonders gut zur Einbindung und Unterstützung von Kleinunternehmen (vgl. Gibson/Lynch 2007, 109). Die Konzentration auf regionale Kernkompetenzen im Verbund bietet darüber hinaus eine geeignete Möglichkeit, Alleinstellungsmerkmale zu generieren (vgl. Bachinger/Pechlaner 2011, 4; Saretzki 2007, 279).

Die Kooperationsbeziehungen zwischen touristischen Akteuren in Grenzregionen können in ihrer Intensität und Tiefe sehr unterschiedlich sein und entwickeln sich oft im Zeitverlauf. Timothy (2000, 22-23) unterscheidet zwischen fünf Ebenen grenzüberschreitender Zusammenarbeit im Tourismus: *Alienation, Co-existence, Cooperation, Collaboration* und *Integration*. Im Stadium *Alienation* findet keinerlei Zusammenarbeit statt. *Co-existierende* Grenzregionen interagieren auf minimalem Niveau auf Basis gegenseitiger Toleranz. *Cooperative* Grenzregionen arbeiten auf initialer Basis zusammen. Verstetigen sich die Beziehungen und arbeiten die Partner gemeinsam an Entwicklungsthemen, kann die Zusammenarbeit als *Collaboration* bezeichnet werden. *Integrierte Partnerschaften* schließlich sind gekennzeichnet durch die Verflechtung beider Regionen ohne grenzbedingte Hindernisse. Ähnlich unterscheiden auch Studzieniecki (2006, 251) und Pechlaner (2011, 6) beim grenzüberschreitenden Destinationsmarketing zwischen Destinationen ohne gemeinsame Produkte und Angebote, zusammenarbeitende Destinationen, entstehende grenzüberschreitende Destinationen und dauerhaft grenzüberschreitende Destinationen.

3. Chancen, Herausforderungen und Erfolgsfaktoren in grenzüberschreitenden Kooperationsprojekten

3.1 Chancen durch grenzüberschreitende Kooperationen

Grundlage jeder Regionalentwicklung durch Tourismus ist die Voraussetzung der Schaffung von wettbewerbsgerechten Angeboten und Produkten (vgl. Hall/Michael 2007, 16). Zur Maximierung des Urlaubserlebnisses tendieren Touristen dazu, verschiedene Bereiche einer Destination/Region zu „bündeln" (multidestination travel behavior) (Naipaul et al. 2009, 463). Der Tourist hat „seine eigene mentale Landkarte im Kopf" (Thomas 2008, 79), die die Grenzen einer Destination anhand von naturräumlichen oder erlebnisorientierten Gegebenheiten abbildet. Dabei können größere räumliche Zuschnitte oft besser vom Gast wahrgenommen werden (vgl. Thomas 2008, 79). Laut Aschauer (2006, 22) sehen Gäste in Grenzregionen Kooperationen positiv und sind offen für grenzüberschreitende Ausflüge und Angebotsformen. Unter Voraussetzung einer guten Inszenierung und Profilbildung können Regionen bei gezieltem Marketing daher von grenzüberschreitenden Kooperationen im Tourismus profitieren (vgl. ebd.). Das Alleinstellungsmerkmal der Grenzüberschreitung kann für Besucher von außen anziehend wirken und die Unterschiedlichkeit der Traditionen, Kulturen und Mentalitäten der Einwohner als zusätzliche Attraktionspunkte wahrgenommen werden (vgl. Frys 2010, 419-420). Der Perspektivwechsel von der Rand- und Grenzlage hin zu einer übergreifenden, gemeinsamen Region bietet nach innen außerdem die Chance für eine Stärkung des Regionalbewusstseins (vgl. ebd., 419). Grenzüberschreitende Tourismuskooperationen können durch die Generierung von effizienten Strukturen und Prozessen somit eine Stärkung der Region im Wettbewerb erreichen (vgl. Aschauer 2006, 20). Sie können außerdem Reformen beschleunigen und sich positiv auf andere Wirtschaftszweige auswirken (vgl. Bojkovska-Langer 2010, 84).

Grenzüberschreitende Zusammenarbeit in Marketing und Promotion kann zu größerer Effizienz, besserer Integration, Balance und Harmonie sowie zu reduziertem Marketing- und Promotionsbudget durch gemeinsame Promotionsmaterialien beitragen (vgl. Timothy 2000, 24-25). Weitere Vorteile für grenzüberschreitende Projekte sind oftmals der Zugang zu zusätzlichen Finanz- und Fördermitteln (z.B. durch EU-Förderprogramme) sowie eine bessere politische Unterstützung (vgl. Aschauer 2006). Allgemein eröffnet sich durch internationale Zusammenarbeit die Möglichkeit, größere Projekte zu realisieren, als von den Partnern allein durchführbar wären (vgl. Cronenbroeck 2004, 107).

Die Zusammenarbeit von Partnern mit unterschiedlichen kulturellen Erfahrungshintergründen, Perspektiven und Vorgehensweisen bietet außerdem die Chance, bessere Problemlösungen zu erzielen (vgl. Adler 2008, 134-140; Hoffmann 2004, 33-34; Meyer 2004, 109; Wojda et al. 2006, 19). Multinationale Teams eignen sich besonders gut, um Lösungen für komplexe Probleme zu finden, die Entwicklung kreativer Ideen voranzubringen und in langfristigen Entscheidungsfindungen Standpunkte abzuwägen (vgl. Podsiadlowski 2007, 584; 2002, 117). Kulturelles Wissen wirkt dabei oft in dreifacher Hinsicht: als Ressource zur Erzeugung von Synergieeffekten und Steigerung des Innovationspotenzials nach innen, als strategisches Wissen zur Verringerung der Transaktionskosten im Austausch mit Anderen nach außen und als kundenorientiertes Wissen in der Entwicklung kundenorientierter Vertriebsstrategien (vgl. Schlamelcher 2003, 19). Kulturelle Unterschiede können jedoch auch die Komplexität und den Koordinationsaufwand erhöhen (vgl. Kapitel 3.2).

3.2 Herausforderungen durch grenzüberschreitende Kooperationen

Bereits im nationalen Kontext ist das Zusammenbringen der Akteure zum Zwecke der Ressourcenbündelung, der Schaffung eines integrierten Anbietersystems und der Erstellung einer gemeinsamen Marketingstrategie eine der größten Herausforderungen im Destinationsmanagement (vgl. Fischer 2009, 78). Häufige Argumente gegen Kooperationen sind entsprechend der hohe Koordinationsaufwand im Vergleich zu anderen Organisationsformen, schwer durchführbare Kontrollen der Leistungsprozesse und die Gefahr opportunistischen Verhaltens sowie ungewollter Wissensdiffusion (vgl. Wrona/Schell 2005, 338). Je heterogener die Kooperationspartner sind, desto mehr steigen die Herausforderungen und der Koordinationsaufwand. Die Gründe dafür sind vielfältig. Sie liegen u.a. in der Notwendigkeit zur Identifizierung, Definition und Konkretisierung regionaler Themen und Problematiken, im notwendigen Vertrauensaufbau zwischen den Kooperationspartnern und in der Koordination der Arbeitsaufgaben mit Rücksicht auf unterschiedliche Interessen, Handlungslogiken und Entscheidungsroutinen. Darüber hinaus gilt es, die Motivation der Kooperationspartner zur Zusammenarbeit zu stärken und individuelle Interessen zu verknüpfen (vgl. Wöllert/Jutzi 2005, 64.).

In internationalen Projekten erhöht sich die Komplexität des Kooperationsmanagements um weitere Aspekte. Insbesondere spielen der Mangel an Kontrolle, unterschiedliche Kulturen, ggf. unterschiedliche Zeitzonen und Währungen, Unterschiede in Bestimmungen und Regeln sowie mögliche politische Unruhen und Unsicherheit eine Rolle (vgl. Lientz/Rea 2003, 11-12). Internationale

Projekte unterscheiden sich von nationalen Projekten oftmals durch eine größere Anzahl an Orten, erweiterte und komplexere Zielbestimmungen, einen größeren Projektumfang und eine größere Anzahl und Heterogenität der beteiligten Organisationen. Daran gekoppelt sind ein höherer Managementaufwand sowie höhere Kosten (z.B. für Transport, Kommunikation und Koordination). Durch die erweiterte Aufgabenstellung sind die Projektpartner oft stärker vom Erfolg des Projektes abhängig als in nationalen Projekten. Andererseits können internationale Projekte gerade durch den erweiterten Rahmen einen größeren Nutzen generieren. Internationale Projekte sind außerdem oft stärker in der Öffentlichkeit sichtbar, wodurch sich der Erfolgsdruck auf die Kooperationspartner verstärkt (vgl. Lientz/Rea 2003, 8-9).

Entscheidend für das Gelingen internationaler Kooperationen sind soziokulturelle Faktoren. Internationale Projekte scheitern häufig an unpassenden Managementstrukturen, mangelnder Sensibilität für lokale Kulturen, Auftreten von Inkonsistenzen (z.B. häufiger Ortswechsel), mangelnde Beachtung der jeweiligen Selbstinteressen, fehlendem Monitoring und einer zu starken Technologie-Abhängigkeit (vgl. Lientz/Rea 2003, 13-14). Auch unzureichende Sprachkenntnisse werden oft als Konfliktursachen in internationalen Projekten angeführt (Cronenbroeck 2004, 206). Ein weiterer zentraler Aspekt ist der erschwerte Vertrauensaufbau zwischen Partnern aus unterschiedlichen Kulturen (vgl. Meyer 2004, 119-120; Puck 2009, 127). Der Aufbau von Vertrauen und die Entwicklung der Kooperationsbeziehungen werden ferner durch die geografische Entfernung noch zusätzlich erschwert (vgl. Sonne 2006, 216-218). In einer von der Deutschen Gesellschaft für Projektmanagement im Jahr 2002 durchgeführten Untersuchung unter international erfahrenen deutschen Projektmanagern wurden kulturelle Unterschiede, Kommunikation und Sprache, rechtlich-politische Aspekte, Technologie und Infrastruktur sowie persönliche Aspekte (z.B. Umzug in Projektgebiete) als Hauptproblemfelder bei der internationalen Projektarbeit genannt (Hoffmann 2004, 13-14). Die größte Bedeutung maßen die Teilnehmer dabei den Herausforderungen aufgrund kultureller Unterschiede bei (ebd., 14).

Kulturbedingte Unterschiede erhöhen die Komplexität und das Konfliktpotenzial in internationalen Kooperationsbeziehungen (vgl. Augustin 2012, 35-102; Meyer 2004, 115). Den potenziellen Vorteilen interkultureller Teams wie erhöhte Produktivität, Innovation und Kreativität stehen potenzielle Nachteile wie erschwerte Kommunikation, mangelnde Gruppenstabilität und -kohäsion, geringe Arbeitszufriedenheit und erhöhter Stress gegenüber (vgl. Adler 2008, 141; Cronenbroeck 2004, 100; Giesche 2010, 37; Meyer 2004, 110-124 Stumpf 2005, 341-348; Zeutschel 2005, 307-308). Oft sind nicht die kulturellen Unterschiede per se Grund für mögliche Konflikte, sondern die mangelnde Kompetenz der

Kooperationspartner im Umgang mit interkulturellen Unterschieden (vgl. Adler 2008, 140; Meyer 2004, 125).

Im grenzüberschreitenden Destinationsmanagement besteht die Herausforderung darin, die gemeinsame Region durch Sprache, Tradition und Kultur mit Leben zu füllen, um als Urlaubsregion und nicht nur als „politisches Konstrukt" von den Gästen wahrgenommen zu werden (vgl. Aschauer 2006, 21). Viele grenzüberschreitende Regionen verfügen beispielsweise bisher noch über keine grenzüberschreitenden Produkte (vgl. Studzieniecki 2008, 143). Unterschiedliche Sprachen und verschiedene Zuständigkeiten erschweren die Informationsbeschaffung für die Touristen (vgl. Aschauer 2006, 21). Zu den spezifischen Herausforderungen grenzüberschreitender Kooperationen gehören u.a. auch Unterschiede in Rechtsgrundlagen und administrativen Kompetenzverteilungen sowie Parallelstrukturen (vgl. Frys 2010; Thimm 2011, 195; Timothy 2000, 23;). Weitere Faktoren, die die Komplexität in grenzüberschreitenden Tourismuskooperationen erhöhen, sind die höhere Anzahl der beteiligten Stakeholder und Nationen, unterschiedliche Machtgefüge und politische Einflussnahme, divergierende Partikularinteressen und Fragmentierung (vgl. Thimm 2011, 195). Insgesamt stellt die Verschiedenartigkeit der nationalen Identitäten, Sprachen, Verwaltungen und Administrationen eine große Herausforderung bei der Anbahnung und Durchführung von grenzübergreifenden Kooperationen dar (vgl. Frys 2010, 420).

3.3 Erfolgsfaktoren für grenzüberschreitende Kooperationsprojekte

Als zentraler Erfolgsfaktor für Kooperationen wird in der Literatur immer wieder auf die Bedeutung von Vertrauen und Vertrauensaufbau hingewiesen. Je heterogener Kooperationen zusammengesetzt sind, desto mehr Zeit sollte für den Vertrauensaufbau eingeplant werden (vgl. Bachinger/Pechlaner 2011, 22-23; Dammer 2011, 38; Franke 2010, 72-79; Howaldt/Ellerkmann 2011, 28; Liebhart 2007, 320-326; Meyer 2004, 63; Naipaul et al. 2009, 479; Saretzki 2007, 284-286; Sonne 2006, 198-201; Wang 2008, 153-164; Wöllert/Jutzi 2005, 64; Wojda et al. 2006, 22;). Mangelt es an Vertrauen, führt dies häufig zum Scheitern von Unternehmenskooperationen (vgl. Meyer 2004, 63).

Weitere generelle Erfolgsfaktoren für Kooperationen sind die Wahl geeigneter Kooperationspartner, ein benennbarer gegenseitiger Nutzen, komplementäre und klar identifizierte, artikulierte und kommunizierte Ziele. Idealerweise liegt durch die Kombination von komplementären und spezifischen Ressourcen entlang der Wertschöpfungskette ein Anreiz- und Beitragsgleichgewicht („Reziprozität") vor, das zur Bildung von kooperativen Kernkompetenzen geeignet ist. Weitere Voraussetzungen für erfolgreiche Kooperationen sind ein funktionierender Führungsstil, ein effizienter und effektiver Umgang mit Ressourcen, die Einbeziehung der Mitarbeiter, die Schaffung einer erfolgreichen Kooperationskultur und eine an die Bedürfnisse der Kooperation angepasste Struktur. Kommunikation, gemeinsame Lernroutinen, interorganisationales Lernen, Wissensaustausch und erfolgreiches Konfliktmanagement werden in der Literatur ebenfalls als zentrale Erfolgsfaktoren hervorgehoben. Darüber hinaus ist die Einbettung in soziale, politische und gesellschaftliche Rahmenstrukturen und die Einbindung wichtiger Akteure, Organisationen und Institutionen förderlich zur Erreichung der gesetzten Kooperationsziele (vgl. Bachinger/Pechlaner 2011, 18-21; Chin et al. 2008, 441-452; Gibson/Lynch 2007, 110; Liebhart 2007, 304-306; Meyer 2004, 61; Morrison et al. 2004, 200-201; Scherle 2006, 43; von Friedrichs Grängsjö 2003, 442-443).

Wichtig für grenzüberschreitende Tourismuskooperationen sind die konsequente Bedürfnis- und Nutzenorientierung und eine themenbezogene Profilierung durch Konzentration auf Kernressourcen. Das Angebots- und Leistungsprofil sollte dabei auf ausgewählte Gästetypen ausgerichtet sein. Neben der positiven Abgrenzung zur Konkurrenz und der Profilierung und Vermarktung nach außen, sollten auch nach innen Maßnahmen zur Stärkung des Binnenmarketings und Identitätspolitik (z.B. interne Aufklärung, Imagekampagne, Erstellung von Leitbildern) erfolgen. Vorteilhaft ist ferner die ausgewogene Einbindung regionaler politischer Kräfte und beteiligter Gemeinden, welche die Einbettung der grenzüberschreitenden Kooperation in das übergeordnete System der Region ermöglichen. Ein weiterer wichtiger Aspekt ist die Einbindung der Einheimischen in die Entscheidung über die Schaffung touristischer Infrastrukturen und bei der Entwicklung lokaler und regionaler Qualitäten (vgl. Aschauer 2006, 20). Als Erfolgsfaktoren spezifisch für grenzüberschreitende touristische Projekte nennt Frys (2010, 417-418) u.a.:

- Wahl von Partnern mit ähnlichen Verwaltungs- und Arbeitsebenen
- Wahl eines in allen Projektpartnersprachen griffigen Namens für das Projekt sowie Wahl eines Logos als Werbemarke und Verwendung dieses Logos in allen Angebotsmodulen
- Beachtung thematischer Individualität und Innovation
- zielgruppenorientierte Angebotsentwicklung und -weiterentwicklung
- regionaltypischer Bezug der Projekte
- Verbindung der Angebotsmodule mit anderen lokalen und regionalen Ausflugszielen
- Einbettung der Angebotsmodule in bestehende touristische Infrastrukturen
- Herausstellung der Grenzüberschreitung als wichtiges Alleinstellungsmerkmal für die touristische Vermarktung und die Stärkung des Regionalbewusstseins

- Entwicklung eines grenzüberschreitenden Managementkonzeptes
- kontinuierliche grenzüberschreitende Öffentlichkeitsarbeit
- gemeinsame Marketingmaßnahmen

Im Projektverlauf erfordern internationale Projekte häufig komplexe Abstimmungen der einzelnen Arbeitsabläufe. Gerade in der Vorbereitungsphase sollte zum Vertrauensaufbau mehr Zeit als bei rein nationalen Projekten eingeplant werden. Unterstützende Maßnahmen zur Förderung von Vertrauen und Zuverlässigkeit in dieser Phase sind Einbeziehung aller Projektpartner in die Planungsprozesse, Anpassung der geplanten Projektabläufe an den erhöhten Abstimmungsbedarf und Entwicklung eines respektvollen Umgang mit Differenzen (vgl. Walter 2004, 3). Der erhöhte Abstimmungsbedarf zwischen Mitgliedern unterschiedlicher Kulturen und die räumlichen Distanzen verursachen darüber hinaus auch Zusatzkosten, die im Budget mit eingeplant werden müssen (Cronenbroeck 2008, 70). Wichtig sind ebenfalls eine auf die Bedürfnisse der internationalen Kooperation ausgerichtete Organisation und Auswahl geeigneter Projektmanager und Mitarbeiter sowie eine kontinuierliche kulturelle Sensibilität und Aufmerksamkeit (vgl. Cronenbroeck 2004, 249; Keup 2010, 178-196; Lientz/Rea 2003, 14-15). Interkulturelle Handlungskompetenz ist eine Schlüsselqualifikation für internationale Kooperationen (vgl. Thomas 2005, 14; Wojda et al. 2006, 25). Die gesetzten Ziele sollten vor, während und nach dem Projekt kontinuierlich überprüft werden, um Erfahrungen und „lessons learned" zeitnah zu erkennen (vgl. Frys 2010, 418; Lientz/Rea 2003, 14-15). Langfristiges Ziel grenzüberschreitender Tourismuskooperationen sollte die Entwicklung einer USP (Unique Selling Proposition) und die Entwicklung und Vermarktung authentischer Qualitäten sein (vgl. Aschauer 2006, 20-21).

4. Grenzüberschreitende Kooperationsprojekte: Fallbeispiele

Die folgenden Fallbeispiele basieren auf einer Analyse zu grenzüberschreitenden Tourismuskooperationen in Europa.[3] Ziel ist es, einen Einblick in die Variation

---

3 Die Analyse erfolgte im Rahmen des eingangs bereits erwähnten Studienseminars *Network and Cooperation Management in Tourism* an der Fachhochschule Westküste. Im Rahmen des Seminars erfolgte eine Befragung ausgewählter Projektpartner per Telefon und Email anhand eines halbstandardisierten Interviewleitfadens zur Überprüfung der Chancen, Herausforderungen und zentralen Erfolgsfaktoren grenzüberschreitender Kooperationen in der Destinationsentwicklung.

und thematische Bandbreite der Arbeitsfelder und Angebote grenzüberschreitender Kooperationen im Tourismus zu geben.[4,5]

4.1 Arbeitsbereiche und Themenfelder

Die Kooperationsformen reichen von temporären Projekten mit Fokus auf einzelne Angebote (z.b. *Cycle West*), über bereits verstetige, jahrzehntelange Zusammenarbeit im Destinationsmanagement und Destinationsmarketing (z.b. *EUREGIO*) bis hin zu multilateraler Zusammenarbeit einer großen Anzahl von Akteuren über mehrere Länder und Kulturräume hinweg (z.b. gemeinsames Tourismusmarketing der *Großregion*).[6] In einigen Fällen erfolgt die Zusammenarbeit sogar kontinentübergreifend (z.b. *MEET-The Mediterranean Experience of Ecotourism*). Beispiele für entstehende oder bereits dauerhaft vorhandene grenzüberschreitende Destinationen sind die *Europastadt GörlitzZgorzelec* und die *Fjordregion*. Viele dieser Kooperationen werden über EU-Förderprogramme wie INTERREG teilfinanziert.

Marketing, Promotion, Vernetzung und Wissensaustausch bilden zentrale Arbeitsfelder. Darüber hinaus arbeiten die Kooperationen teilweise mit Fokus auf einzelne Themenfelder wie Naturschutz (z.b. *CWSS, Danube Compentence Center*), Natur-Tourismus (z.b. *Nature for the future*) oder Kultur (z.b. *ARS BALTICA*) zusammen. Diese Kooperationen verbinden touristische Zielsetzungen oftmals mit weiteren Zielen wie beispielsweise Heritage Management, Artenschutz oder Kulturförderung. Eine Sonderform grenzüberschreitender Tourismuskooperation bilden „Touristische Routen", die Einzelattraktionen (z.B. Industriedenkmäler) über mehrere Länder hinweg verbinden – ggf. auch ohne darüber hinaus gehende Zusammenarbeit der betroffenen Destinationen. Als grenzüberschreitende

---

4   Die Auswahl der Fallbeispiele erfolgte aufbauend auf einer Recherche zu grenzüberschreitenden Kooperationsprojekten im Tourismus. U.a. erfolgte die Recherche auf Webseiten der Arbeitsgemeinschaft Europäischer Grenzregionen, der Euroregionen, auf Portalen der EU-Förderprogramme zur Europäischen Territorialen Zusammenarbeit, auf Projekt- und Destinationswebseiten sowie in Zeitungsartikeln, Projektbroschüren, Projektberichten und allgemeinen Promotions- und Marketingmaterialien grenzüberschreitender Kooperationen. Berücksichtigt wurden aktuelle respektive erst vor kurzem abgeschlossene Kooperationsprojekte mit eindeutig regionalem Bezug.

5   Aufgrund der geringen Fallstudienzahl (32 untersuchte Kooperationen, zehn Telefoninterviews sowie sieben Interviews per Email) sind die Resultate als erste explorative Ergebnisse ohne Anspruch auf Vollständigkeit und Übertragbarkeit zu sehen.

6   Zur weiteren Informationsmöglichkeit enthält das Literaturverzeichnis eine Linkliste zu allen im Artikel aufgeführten Kooperationsprojekten.

Produkte und Angebote existieren häufig gemeinsame Broschüren, Karten und Ausflugstouren. In etlichen Regionen wurden „Grenzrouten" entwickelt, die die Erkundung der Region zu Fuß, mit dem Fahrrad oder per Boot ermöglichen. Einige Grenzregionen verfügen über grenzüberschreitende Buchungsportale wie z.b. das *Buchungsportal Bodensee*, das *Buchungsportal der Fjordregion* und das *Verzeichnis der Alpinen Gastgeber*. Ferner existieren grenzüberschreitende Destinationskarten wie z.b. die *BodenseeErlebniskarte* und die *KönigsCard*.

Bei erfolgreicher Zusammenarbeit entwickeln und verstetigen sich die Kooperationsbeziehungen zwischen den Partnern häufig, so dass nach Abschluss zunächst temporärer Projekte weitere gemeinsame Projekte realisiert werden oder neue Partner dazukommen (z.B. Entstehung *South Baltic Four Corners*). Andere Kooperationen arbeiten im Rahmen einer verstetigten Zusammenarbeit immer wieder parallel in neuen Projekten zusammen (z.b. aktuelles *PROWAD*-Projekt des *Common Wadden Sea Secretariats*).

Die folgende Tabelle zeigt exemplarisch eine Auswahl grenzüberschreitender Tourismuskooperationen.

Tabelle 1: Beispiele für grenzüberschreitende Kooperationen im Tourismus (Eigene Darstellung)

Arbeitsbereich/ Fokus/Ziel	Beispiele für grenzüberschreitende Kooperationen und Projekte (mit Angabe der Herkunftsländer der Projektpartner)
Destinationsmanagement allgemein, z.B. gemeinsame Angebote, Vernetzung, Marketing, Informations- und Wissensaustausch	*AGORA 2.0* (Dänemark, Deutschland, Estland, Finnland, Lettland, Litauen, Polen, Schweden, Weißrussland) *Alpine pearls* (Deutschland, Frankreich, Italien, Österreich, Schweiz, Slowenien) *Best of the Alps* (Deutschland, Frankreich, Italien, Österreich, Schweiz) *Destination Fehmarnbelt* (Dänemark, Deutschland) *EUREGIO* (Deutschland, Niederlande) *Großregion* (Belgien, Deutschland, Frankreich, Luxemburg) *North Atlantic Tourism Association* (Faröer Inseln, Grönland, Island) *South Baltic Four Corners* (Dänemark, Deutschland, Polen, Schweden) *STRING Partnership Network Tourism Working Group* (Dänemark, Deutschland, Schweden)
Naturschutz/ Zusammenarbeit Naturparks	*Common Wadden Sea Secretariat* (Dänemark, Deutschland, Niederlande) *Danube Competence Center* (Bulgarien, Deutschland, Kroatien, Moldawien, Österreich, Rumänien, Serbien, Slowakei, Ukraine, Ungarn)

Arbeitsbereich/ Fokus/Ziel	Beispiele für grenzüberschreitende Kooperationen und Projekte (mit Angabe der Herkunftsländer der Projektpartner)
Naturtourismus/ Ökotourismus/ Sporttourismus	*Baltic Sailing* (Dänemark, Deutschland) *Cycle West* (England, Frankreich) *MEET-The Mediterranean Experience of Ecotourism* (Ägypten, Frankreich, Griechenland, Italien, Jordanien, Libanon, Malta, Spanien, Tunesien, Zypern) *Nature for the future* (Kroatien, Montenegro) *Outdoor Tourism* (England, Irland) *SIBIT MED in bike* (Italien, Malta) *SLOW TOURISM* (Italien, Slowenien)
Kulturtourismus	*ARS BALTICA* (Dänemark, Deutschland, Estland, Finnland, Lettland, Litauen, Norwegen, Polen, Russland, Schweden)
Tagungen	*The ALPS* (Frankreich, Italien, Österreich, Schweiz)
Gemeinsames Buchungsportal	*Alpine Gastgeber* (Deutschland, Österreich) *Buchungsportal Vierländerregion Bodensee* (Deutschland, Österreich, Schweiz, Liechtenstein) *Buchungsportal Fjordregion* (Dänemark, Deutschland) *2-Land-Reisen* Niederrhein Buchungsportal (Deutschland, Niederlande)
Gemeinsame Destinations-karten	*KönigsCard* (Deutschland, Österreich) *BodenseeErlebniskarte* (Deutschland, Österreich, Schweiz, Liechtenstein)
(sich entwickelnde) grenzüber- schreitende Destinationen	*Sächische Schweiz-České-Švýcarsko* (Deutschland, Tschechien) *Europastadt GörlitzZgorzelec GmbH* (Deutschland, Polen) *Fjordregion* (Dänemark, Deutschland) *Vierländerregion Bodensee* (Deutschland, Liechtenstein, Österreich, Schweiz)
Touristische Routen	*Europäische Route der Backsteingotik* (Dänemark, Deutschland, Polen) *Europäische Route der Industriekultur* (Belgien, Dänemark, Deutschland, Frankreich, Großbritannien, Italien, Luxemburg, Niederlande, Norwegen, Polen, Spanien, Schweden, Tschechien)

4.2 Chancen, Herausforderungen und Erfolgsfaktoren

In der Befragung per Telefon und Email wurden die durch Sekundärdatenanalyse ermittelten Chancen, Herausforderungen und Erfolgsfaktoren bestätigt.

Als zentrale Zielsetzungen wurden u.a. die Verbesserung der Wettbewerbsfähigkeit, gemeinsame Produktentwicklung, bessere Vernetzung untereinander, Verbesserung der Attraktivität, Sichtbarkeit und Image der Region, Promotion sowie die Steigerung der Gästezahlen genannt. Weitere von den Befragten angeführte Ziele sind gemeinsame Marktforschung, Generierung neuer Quellmärkte, Schaffung von Arbeitsplätzen, regionale Entwicklung, Innovationen, bessere Lebensqualität in der Region, nachhaltige Entwicklung und Schutz sowie Erhalt von Naturparks.

Herausforderungen stellen laut der Befragung vor allem unterschiedliche Arbeitsweisen, ein anderes Zeitverständnis bezüglich Aufgabenerledigung und Deadlines und die geografische Distanz dar, die lange Reisezeiten impliziert. Gerade in INTERREG-Projekten ist außerdem der hohe administrativ-bürokratische Aufwand eine Herausforderung für viele Projektpartner. Als weitere Punkte wurden Wechsel von Verantwortlichkeiten, Einbeziehung zu vieler Projektpartner, Sicherstellung der Finanzierung, Abstimmung von Zeit- und Aktionsplänen, Probleme bei der Strukturierung von Meetings, interkulturelle Missverständnisse und Kommunikationsprobleme (z.B. sprachliche Herausforderungen, Übersetzung aller Dokumente) angeführt.

Als zentrale Erfolgsfaktoren hoben die Befragten gemeinsame Ziele, eine geeignete Partnerwahl (z.B. bezüglich Ziele, Qualität, Kompetenz), die Klärung der Erwartungen zu Beginn des Projektes, klare Definition der Verantwortlichkeiten und Arbeitsfelder sowie die Gewährleistung der Koordination hervor. Ebenfalls als wichtig angesehen wurden eine klare Kommunikation (Transparenz und Integration) und die Schaffung von geeigneten Organisationsstrukturen und einer gute Atmosphäre (u.a. zum Aufbau von Vertrauen). Um handlungsfähig zu bleiben, sollte die Anzahl der Projektpartner nicht zu groß gewählt werden. Weiterhin als hilfreich wurde die Erstellung eines Projektplans, gemeinsame Aktionen, die Einbeziehung lokaler Akteure, Öffentlichkeitsarbeit, Flexibilität, kulturelle Sensibilität und Offenheit im Umgang miteinander sowie die Bereitschaft genannt, für gemeinsame Lösungen auch Kompromisse einzugehen.

6. Fazit

Regionale Vernetzung wird zunehmend als zentraler Wettbewerbsfaktor zur Generierung regionaler Alleinstellungsmerkmale, erfolgreicher Profilierung und nachhaltiger Destinationsentwicklung wahrgenommen. Durch Kombination von komplementären Kompetenzen und Fähigkeiten und die Konzentration auf regionale Kernkompetenzen im Verbund können Kooperationen Alleinstellungsmerkmale generieren. Auf diese Weise können Wettbewerbsvorteile gegenüber weniger vernetzten Destinationen entstehen.

Grenzüberschreitende Tourismuskooperationen können für Grenzregionen als Möglichkeit zur Kräftebündelung, Vermarktung und Steigerung der

Wettbewerbsfähigkeit genutzt werden. Sie stellen, wie oben aufgezeigt, jedoch auch hohe Anforderungen an die Projektpartner. Ergänzend zu den generellen Herausforderungen für Kooperationen (z.b. erhöhter Koordinations- und Kommunikationsaufwand, Notwendigkeit zur gemeinsamen Abstimmung) wird die Komplexität in grenzüberschreitenden Kooperationen oftmals durch unterschiedliche Sprachen, Kultur, nationale Rahmenbedingungen etc. noch zusätzlich erhöht.

Die Bandbreite aktueller grenzüberschreitender Tourismuskooperationen reicht von zeitlich limitierten Projekten bis zu dauerhaft grenzüberschreitenden Destinationen. Zentrale Arbeitsfelder vieler grenzüberschreitender Kooperationen im Tourismus sind Marketing, gemeinsame Angebotsentwicklung, Vernetzung und Informations- und Wissensaustausch. Bisher liegen erst wenige wissenschaftliche Studien zu grenzüberschreitenden Tourismuskooperationen vor. Weiterer Forschungsbedarf besteht u.a. in der Erfolgsfaktorenforschung sowie in der Sicherung der nachhaltigen Entwicklung grenzüberschreitender Kooperationsprojekte nach Ablauf initialer Förderung. Ein weiterer interessanter Aspekt ist die Konkurrenzsituation internationaler Kooperationen mit nationalen/regionalen Organisationen und die Analyse ggf. damit verbundener Parallel- und Doppelstrukturen sowie Konkurrenzsituationen.

Literaturverzeichnis

Adler, N.J.; Gundersen, A. (2008): *International dimensions of organizational behavior*. 5. ed. International student edition. Thomson South-Western. Mason.

Aschauer, W. (2006): *Grenzüberschreitende Kooperation im Tourismus. Ein Überblick über allgemeine EU-Förderprogramme und spezifische grenzüberschreitende Projekte Österreichs*. Schriftenreihe des Institutes der Regionen Europas Nr. 15. Institut der Regionen Europas. Salzburg.

Augustin, O. (2012): *Kommunikationskompetenz in interkulturellen Projekten: kommunikationspsychologische Modelle zur Lösung typischer Missverständnisse in deutsch-französischen Projekten*. Diplomica. Hamburg.

Bachinger, M.; Pechlaner, H. (2011): Netzwerke und regionale Kernkompetenzen: der Einfluss von Kooperation auf die Wettbewerbsfähigkeit von Regionen. In: Bachinger, M.; Pechlaner, H.; Widuckel, W. [Hrsg.] (2011): *Regionen und Netzwerke. Kooperationsmodelle zur branchenübergreifenden Kompetenzentwicklung*. Gabler. Wiesbaden. S. 3-28.

Bachinger, M.; Pechlaner, H.; Widuckel, W. [Hrsg.] (2011): *Regionen und Netzwerke. Kooperationsmodelle zur branchenübergreifenden Kompetenzentwicklung*. Gabler. Wiesbaden.

Baggio, R. (2011) Networks and tourism: the effect of structures and the issues of collaboration. In: Bachinger, M.; Pechlaner, H.; Widuckel, W. [Hrsg.] (2011): *Regionen und Netzwerke. Kooperationsmodelle zur branchenübergreifenden Kompetenzentwicklung*. Gabler. Wiesbaden. S. 47-62.

Bieger, T.; Beritelli, P. (2013): *Management von Destinationen*. 8. Auflage. Oldenbourg. München.

Bogenstahl, C. (2011): *Management von Netzwerken: Eine Analyse der Gestaltung interorganisationaler Leistungsaustauschbeziehungen*. Gabler. Wiesbaden.

Bojkovska-Langer, M. (2010): *Grenzüberschreitender Tourismus auf dem weltlichen Balkan. Eine Potenzialanalyse der grenzüberschreitenden Zusammenarbeit für den Tourismus in Albanien, Mazedonien und Montenegro*.VDM. Saarbrücken.

Bramwell, B.; Lane, B. (2000): Collaboration and partnerships in tourism planning. In: Bramwell, B.; Lane, B. (2000): *Tourism Collaboration and Partnerships: Politics, Practice and Sustainability*. Channel View. Clevedon. S. 1-19.

Bruhn, M. (2005): Kooperationen im Dienstleistungssektor. In: Zentes, J.; Swoboda, B.; Morschett, D. [Hrsg.] (2005): *Kooperationen, Allianzen und Netzwerke. Grundlagen- Ansätze-Perspektiven*. 2. Auflage. Gabler. Wiesbaden. S. 1278-1301.

Chin, K.S.; Chan, B.; Lam, P. (2008): Identifying and prioritizing critical success factors for coopetition strategy. In: *Industrial Management and Data Systems*. 2008. Vol. 108 (4). S. 437-454.

Cronenbroeck, W. (2008): *Projektmanagement*. Cornelsen. Berlin.

Cronenbroeck, W. (2004): *Handbuch Internationales Projektmanagement: Grundlagen, Organisation, Projektstandards, Interkulturelle Aspekte, angepasste Kommunikationsformen*. Cornelsen. Berlin.

Dammer, I. (2011): Gelingende Kooperation („Effizienz"). In: Becker, T.; Dammer, I.; Howaldt, J.; Loose, A. [Hrsg.] (2011): *Netzwerkmanagement - Mit Kooperation zum Unternehmenserfolg*. 3. Auflage. Springer. Heidelberg. S. 37-47.

Denicolai, S.; Cioccarelli, G.; Zucchella, A. (2010): Resource-based local development and networked core-competencies for tourism excellence. In: *Tourism Management*. 2010. No. 31. S. 260-266.

Eisenstein, B. (2014): *Grundlagen des Destinationsmanagements*. 2. Auflage. Oldenbourg. München.

Fischer, E. (2009): *Das kompetenzorientierte Management der touristischen Destination. Identifikation und Entwicklung kooperativer Kernkompetenzen*. Gabler. Wiesbaden.

Franke, R.W. (2010): *Kooperationskompetenz im Global Business. Interkulturalität und Wirtschaft*. Band 1. Logos. Berlin.

Frys, W. (2010): *Projektbezogene Evaluation touristischer grenzüberschreitender Kooperationen in der Region Saar-Lor-Lux-Trier/Westpfalz unter besonderer Berücksichtigung durch INTERREG geförderter Maßnahmen.* Materialien zur Fremdenverkehrsgeographie. Heft 69. Geographische Gesellschaft Trier. Trier.

Gibson, L.; Lynch, P. (2007): Networks: Comparing Community Experiences. In: Michael, E.J. [Hrsg.] (2007): *Micro-Clusters and Networks: The Growth of Tourism.* Elsevier. Oxford. S. 107-126.

Giesche, S. (2010): *Interkulturelle Kompetenz als zentraler Erfolgsfaktor im internationalen Projektmanagement.* Diplomica. Hamburg.

Hall, M.; Michael, E.J. (2007): Issues in Regional Development. In: Michael, E.J. [Hrsg.] (2007): *Micro-Clusters and Networks: The Growth of Tourism.* Elsevier. Oxford. S. 7-20.

Haugland, S.A.; Ness, H.; Grønseth, B.-O; Aarstad, J. (2011): Development of tourism destinations. An integrated multilevel perspective. In: *Annals of Tourism Research.* 2011. Vol. 38. No. 1. S. 268-290.

Hoffmann, H.-E. (2004): Die Bedeutung kultureller Unterschiede. In: Hoffmann, H.-E.; Schoper, Y.-G.; Fitzsimons, C.J. [Hrsg.] *Internationales Projektmanagement: Interkulturelle Zusammenarbeit in der Praxis.* dtv. München. 2004. S. 13-36.

Howaldt, J.; Ellerkmann, F. (2011): Entwicklungsphasen von Netzwerken und Unternehmenskooperationen. In: Becker, T.; Dammer, I.; Howaldt, J.; Loose, A. [Hrsg.] (2011): *Netzwerkmanagement - Mit Kooperation zum Unternehmenserfolg.* 3. Auflage. Springer. Heidelberg. S. 23-35.

Jacobi, F. (1996): *Ansatzpunkte zur Bewertung von Kooperationen im Tourismus am Beispiel ausgewählter Ferienorte des Alpenraums.* Difo-Druck. Bamberg.

Keup, M. (2010): *Internationale Kompetenz: Erfolgreich kommunizieren und handeln im Global Business.* Gabler. Wiesbaden.

Laux, S. (2012): Destinationen im globalen Wettbewerb – Kooperationsbildung als primäre Aufgabe eines zukunftsweisenden Destinationsmanagements. In: Soller, J. [Hrsg.] (2012): *Erfolgsfaktor Kooperation im Tourismus. Wettbewerbsvorteile durch effektives Stakeholdermanagement.* ESV. Berlin.

Laux, S.; Soller, J. (2012): Kooperationsbildung als Erfolgsstrategie für touristische Unternehmen. In: Soller, J. [Hrsg.] (2012) *Erfolgsfaktor Kooperation im Tourismus. Wettbewerbsvorteile durch effektives Stakeholdermanagement.* ESV. Berlin.

Lemmetyinen, A.; Go, M.F. (2009): The key capabilities required for managing tourism business networks. In: *Tourism management: research, policies, practice.* 2009. Vol. 30. S. 31-40.

Liebhart, U. (2007): Unternehmenskooperationen: Aufbau, Gestaltung und Nutzung. In: Neumann, R.; Graf, G. (2007): *Management-Konzepte im Praxistest*. Wien. S. 295-349.

Lientz, B.P.; Rea, K.P. (2003): *International Project Management*. Elsevier. San Diego.

Meriläinen, K.; Lemmetyinen, A. (2011): Destination network management: a conceptual analysis. In: *Tourism Review*. 2011. Vol. 66. No. 3. S. 25-31.

Meyer, T. (2004): *Interkulturelle Kooperationskompetenz*. Lang. Frankfurt am Main.

Morrison, A.; Lynch, P.; Johns, N. (2004): International tourism networks. In: *International Journal of Contemporary Hospitality Management*. 2004. Vol. 16. No. 3. S. 197-202.

Naipaul, S.; Wang, Y.; Okumus, F. (2009): Regional Destination marketing: a collaborative approach. In: *Journal of travel and tourism marketing*. 2009. Vol. 26. 5-6. S. 462-481.

Pechlaner, H.; Herntrei, M.; Pichler, S.; Volgger, M. (2012): From destination management towards governance of regional innovation systems - the case of South Tyrol, Italy. In: *Tourism Review*. 2012. Vol. 67. No. 2. S. 22-33.

Pechlaner, H.; Fischer, E.; Bachinger, M. [Hrsg.] (2011): *Kooperative Kernkompetenzen – Management von Netzwerken in Regionen und Destinationen*. Wiesbaden.

Pechlaner, H. (2003): *Tourismus-Destinationen im Wettbewerb*. Gabler. Wiesbaden.

Podsiadlowski, A. (2007): Multinationale Teams. In: Straub, J.; Weidemann, A.; Weidemann, D. [Hrsg.] (2007): *Handbuch interkulturelle Kommunikation und Kompetenz: Grundbegriffe- Theorien- Anwendungsfelder*. Metzler. Stuttgart. S. 576-586.

Podsiadlowski, A. (2002): *Multikulturelle Arbeitsgruppen in Unternehmen: Bedingungen für eine erfolgreiche Zusammenarbeit am Beispiel deutscher Unternehmen in Südostasien*. Münchener Beiträge zur Interkulturellen Kommunikation Band 12. Waxmann. Münster.

Puck, J.F. (2009): *Training für multikulturelle Teams: Grundlagen-Entwicklung-Evaluation*. 2. Auflage. Hampp. München.

Pyo, S. (2012): Measuring tourism chain performance. In: Scott, N.; Laws, E. [Hrsg.] (2012): *Advances in service network analysis*. Routledge. New York. S. 89-102.

Saretzki, A. (2007): Touristische Netzwerke als Chance und Herausforderung. In: Egger, R.; Herdin, T. [Hrsg.] (2007): *Tourismus Herausforderung Zukunft*. LIT. Wien. S. 275-293.

Scherhag, K. (2007): Kooperation im Destinationsmanagement als Basis einer nachhaltig erfolgreichen Wettbewerbsposition. In: Egger, R.; Herdin, T. [Hrsg.] (2007): *Tourismus Herausforderung Zukunft.* LIT. Wien. S. 351-363.

Schlamelcher, U. (2003): *Kultur und Management: Theorie und Praxis der interkulturellen Managementforschung.* Hampp. München.

Scherle, N. (2006): *Bilaterale Unternehmenskooperationen im Tourismussektor. Ausgewählte Erfolgsfaktoren.* Mir-Edition. Management International Review. Gabler. Wiesbaden.

Schuckert, M.; Luthe, T.; Wyss, R.; Gasser, R. (2011): Das Emmental: Relevanz und Implikationen aus Netzwerkstrukturen bei der Entwicklung touristischer Destinationen. In: Boksberg, P.; Schuckert, M. [Hrsg.] (2011): *Innovationen in Tourismus und Freizeit. Hypes, Trends, Entwicklungen.* Schriften zu Tourismus und Freizeit Band 12. Schmidt. Berlin. S. 169-178.

Scott, N.; Laws, E. [Hrsg.] (2012): *Advances in service network analysis.* Routledge. New York.

Sonne, A.-M. (2006): *Knowledge sharing in international product development teams.* Aarhus School of Business. Aarhus.

Studzieniecki, T. (2008): Europa als nationale und transnationale Destination. In: Freyer, W.; Naumann, M.; Schuler, A. [Hrsg.] (2008): *Standortfaktor Tourismus und Wissenschaft: Herausforderungen und Chancen für Destinationen.* Deutsche Gesellschaft für Tourismuswissenschaften e.V. Schriften zu Tourismus und Freizeit. Band 8. Schmidt. Berlin. S. 131-147.

Studzieniecki, T. (2006): Tourism marketing in transborder regions. In: Keller, P.; Bieger, T. [Hrsg.] (2006): *Marketing efficiency in tourism: coping with volatile demand.* Schmidt. Berlin. S. 243-254.

Stumpf, S. (2005): Interkulturelle Arbeitsgruppen. In: Thomas, A.; Kinast, E.-U.; Schroll-Machl, S. [Hrsg.] (2005): *Handbuch interkulturelle Kommunikation und Kooperation. Band 1: Grundlagen und Handlungsfelder.* 2. Auflage. Vandenhoeck und Ruprecht. Göttingen. S. 340-353.

Sydow, J. (1992): *Strategische Netzwerke. Evolution und Organisation.* Gabler. Wiesbaden.

Thimm, T. (2011): Coopetition als Managementgrundlage der internationalen Destination Bodensee. In: Boksberger, P.; Schuckert, M. [Hrsg.] (2011): *Innovationen in Tourismus und Freizeit. Hypes, Trends und Entwicklungen.* Schriften zu Tourismus und Freizeit Band 12. Erich Schmidt Verlag. Berlin. S. 195-212.

Thomas, R. (2008): *Tourismusförderung in der kommunalen Praxis: Strategien-Organisation-Marketing-Kooperation-Förderung-Finanzierung.* Schmidt. Berlin.

Thomas, A. (2005): Einführung. In: Thomas, A.; Kinast, E.-U.; Schroll-Machl, S. [Hrsg.] (2005): *Handbuch interkulturelle Kommunikation und Kooperation. Band 1: Grundlagen und Handlungsfelder*. 2. Auflage. Vandenhoeck und Ruprecht. Göttingen. S. 7-15.

Timothy, D.J. (2000): Cross-border partnerships in tourism resource management: international parks along the US-Canada border. In: Bramwell, B.; Lane, B. (2000): *Tourism Collaboration and Partnerships: Politics, Practice and Sustainability*. Channel View. Clevedon. S. 20-43.

Tinsley, R.; Lynch, P. (2001): Small tourism business networks and destination development. In: *Hospitality Management*. 2001. Nr. 20. S. 367-378

von Friedrichs Grängsjö, Y. (2003): Destination networking: Co-opetition in peripheral surroundings. In: *International Journal of Physical Distribution and Logistics Management*. 2003. Vol. 33. No. 5. S. 427-448.

Walter, A. (2004): Was ist anders bei internationalen Projekten? In: Hoffmann, H.-E.; Schoper, Y.-G.; Fitzsimons, C.J. [Hrsg.] (2004) *Internationales Projektmanagement: Interkulturelle Zusammenarbeit in der Praxis*. dtv. München. S. 1-11.

Wang, Y. (2008): Collaborative Destination Marketing: Understanding the Dynamic Process. In: *Journal of Travel Research*. 2008. Vol. 47. No. 2. S. 151-166.

Wang, Y.; Krakower, S. (2008): Destination marketing: competition, cooperation or cooperation? In: *International Journal of Contemporary Hospitality Management*. 2008. Vol. 20. No. 2. S. 126-141.

Wojda, F.; Herfort, I.; Barth, A. (2006): Ansatz zur ganzheitlichen Betrachtung von Kooperationen und Kooperationsnetzwerken und die Bedeutung sozialer und personeller Einflüsse. In: Wojda, F.; Barth, A. [Hrsg] (2006): *Innovative Kooperationsnetzwerke*. Gabler. Wiesbaden. S. 1-26.

Wöllert, K.; Jutzi, K. (2005): Regionale Netzwerke. Zur besonderen Bedeutung von Intermediären. In: Aderhold, J.; Meyer, M.; Wetzel, R. [Hrsg.] (2005): *Modernes Netzwerkmanagement. Anforderungen-Methoden-Anwendungsfelder*. Gabler. Wiesbaden. S. 53-71.

Wrona, T.; Schell, H. (2005): Globalisierungsbetroffenheit von Unternehmen und die Potenziale der Kooperation. In: Zentes, J., Swoboda, B., Morschett, D. [Hsg.] (2005): *Kooperationen, Allianzen und Netzwerke. Grundlagen-Ansätze-Perspektiven*. 2. Auflage. Gabler. Wiesbaden. S. 324-347.

Zehrer, A.; Raich, F. (2012): Applying a lifecycle perspective to explain tourism network development. In: Scott, N.; Laws, E. [Hrsg.] (2012): *Advances in service network analysis*. Routledge. New York. S. 103-125.

Zeutschel, U. (2005): Interkulturelles Projektmanagement. In: Thomas, A.; Kinast, E.-U.; Schroll-Machl, S. [Hrsg.] (2005): *Handbuch interkulturelle*

Kommunikation und Kooperation Band 1: Grundlagen und Handlungsfelder. 2. Auflage. Vandenhoeck und Ruprecht. Göttingen. S. 307-323.

Elektronische Quellen:

Alpine Gastgeber (2014): http://www.alpine-gastgeber.com [online] [letzter Zugriff: 22.04.2014.]

ARS BALTICA (2014): http://www.ars-baltica.net [online] [letzter Zugriff: 22.04.2014.]

Agora 2.0 (2014): http://www.agora2-tourism.net [online] [letzter Zugriff: 22.04.2014.]

Alpine Pearls (2014): http://www.alpine-pearls.com [online] [letzter Zugriff: 22.04.2014.]

Baltic Sailing (2014): http://www.balticsailing.de [online] [letzter Zugriff: 22.04.2014.]

Best of the Alps (2014): http://www.bestofthealps.com [online] [letzter Zugriff: 22.04.2014.]

BodenseeErlebniskarte(2014):http://www.bodensee.eu/#/BodenseeErlebniskarte/index.htm [online] [letzter Zugriff: 22.04.2014.]

Common Wadden Sea Secretariat (2014): http://www.waddensea-secretariat.org [online] [letzter Zugriff: 22.04.2014.]

Cycle West (2014): http://www.cycle-west.com [online] [letzter Zugriff: 22.04.2014.]

Danube Competence Center (2014): http://www.danubecc.org [online] [letzter Zugriff: 22.04.2014.]

Destination Fehmarnbelt (2014): http://www.destination-fehmarnbelt.com [online] [letzter Zugriff: 22.04.2014.]

EUREGIO (2014): http://www.euregio.eu/de/tourismus-freizeit [online] [letzter Zugriff: 22.04.2014.]

Europäische Route der Backsteingotik (2014): http://www.eurob.org [online] [letzter Zugriff: 22.04.2014.]

Europäische Route der Industriekultur (2014): http://www.erih.net/de [online] [letzter Zugriff: 22.04.2014.]

Europastadt GörlitzZgorzelec GmbH (2014): http://www.goerlitz.de/de/wirtschaft/europastadt-goerlitz-zgorzelec-gmbh.html [online] [letzter Zugriff: 22.04.2014.]

Fjordregion (2014): http://www.fjordregion.com/de.html [online] [letzter Zugriff: 22.04.2014.]

Großregion (2014): http://www.tourismus-grossregion.eu [online] [letzter Zugriff: 22.04.2014.]

KönigsCard (2014): http://www.koenigscard.com [online] [letzter Zugriff: 22.04.2014.]

MEET-The Mediterranean Experience of Ecotourism (2014): http://www.medecotourism.org [online] [letzter Zugriff: 22.04.2014.]

North Atlantic Tourism Association (2014): http://www.northatlantic-islands.com [online] [letzter Zugriff: 22.04.2014.]

Outdoor Tourism (2014): http://www.outdoortourism.org [online] [letzter Zugriff: 22.04.2014.]

Pechlaner, H. (2011): INTERREG Projekt Touristisches Destinationsmanagement Bayrischer Wald –Šumava. Produkt und Angebotsentwicklung. Inputreferat und Ergebnisse. Workshop Regen 20.07.2011. [pdf]

Sächische Schweiz-České-Švýcarsko (2014): http://verband.saechsische-schweiz.de [online] [letzter Zugriff: 22.04.2014.]

SIBIT MED in bike (2014): http://www.medinbike.com [online] [letzter Zugriff: 22.04.2014.]

SLOW TOURISM (2014): http://www.slow-tourism.net [online] [letzter Zugriff: 22.04.2014.]

South Baltic Four Corners (2014): http://www.four-corner.org [online] [letzter Zugriff: 22.04.2014.]

STRING Partnership Network Tourism Working Group (2014): http://www.stringnetwork.org/string-themes/tourism-and-culture.aspx [online] [letzter Zugriff: 22.04.2014.]

The ALPS (2014): http://www.the-alps.eu [online] [letzter Zugriff: 22.04.2014.]

Nature for the future (2014): http://www.nff-cbc.eu [online] [letzter Zugriff: 22.04.2014.]

Vierländerregion Bodensee (2014): http://www.bodensee.eu [online] [letzter Zugriff: 22.04.2014.]

2-Land-Reisen (2014): http://www.2-land-reisen.de [online] [letzter Zugriff: 22.04.2014.]

Frank Simoneit

Beziehungspflege im Destinationsmanagement: Können Kommunen sich verlieben?

1. Einführung

Der folgende Artikel beschäftigt sich mit einem neuen Blickwinkel auf das Thema der interkommunalen Kooperation und stellt die Frage, ob es nicht sinnvoll sein könnte, der kommunalen Zusammenarbeit in einer stetig komplexer werdenden Umwelt mit neuen Methoden zu begegnen, die die Steuerung von Kommunen in Kooperationen erleichtern.

Ausgangspunkt ist dabei die Überlegung, dass jede Kommune über individuelle Eigenschaften verfügt (analog zu den persönlichen Eigenschaften, durch die sich Menschen unterscheiden), deren Kenntnis die Steuerung von Kommunen erleichtern würde – genauso wie bei der Kooperation von Personen die Kenntnis, ob ein Gruppenmitglied aggressiv, faul oder fleißig ist, die Steuerung der Gruppenaktivität erleichtert.

2. Warum Kooperationen nützlich sind

Der Bedeutungszuwachs der interkommunalen Kooperationen beruht auf der Komplexität der ökonomischen, ökologischen und sozialen Entwicklung unserer Gesellschaft. Diese hat die „[...] Regionen als Handlungs- und Steuerungsebene [in den] Fokus verschiedener planungs- und politikwissenschaftlicher Diskussionen" (Glatthaar 2009) gestellt. Um auf diese Entwicklungen adäquat reagieren zu können, ist die auf die Region ausgerichtete interkommunale Kooperation in ihrer Bedeutung als Steuerungseinheit gegenüber der einzelnen Kommune aufgewertet worden (vgl. Fürst/Müller/Löb/Zimmermann 2004) und die interkommunale Kooperation wird in der Planungsliteratur mittlerweile mehrheitlich als effizienter Ansatz zur Lösung des Steuerungsdilemmas zwischen Konkurrenz und Kooperation verhandelt (vgl. Donat/Lipinsky 2009; Duhm/Geiger/Grömig 2003; Hesse/Götz 2006; Glatthaar 2009).

Entsprechend Artikel 28 des Grundgesetzes verfügen die Kommunen im föderalen Staatsaufbau der Bundesrepublik Deutschland über das eigene Gestaltungsrecht: „[...] alle Angelegenheiten der örtlichen Gemeinschaft im Rahmen von Gesetzen in eigener Verantwortung zu regeln" (Art. 28 Abs. 2 GG). De facto stehen die Kommunen damit untereinander im Wettbewerb um Ressourcen; sind aber gleichzeitig auf interkommunale Kooperationen angewiesen, da sich vielfach nur im Verbund als Region ein wettbewerbsfähiger Zugang zu diesen Ressourcen realisieren lässt (vgl. Fürst 2004). Die Effektivität und Effizienz, mit der die interkommunale Kooperation gesteuert wird, sowie der Grad der Verbindlichkeit sind dabei entscheidend für die Konkurrenzfähigkeit einer Region.

Interkommunale Kooperationen, die effektiv und effizient zu verbindlichen gemeinsamen Positionen (Leitbildern) in Bezug auf planungsrelevante Zielsetzungen kommen, sind nach Ansicht des Autors im Vorteil gegenüber Regionen, in denen der Abstimmungsprozess länger dauert und/oder eine geringere Verbindlichkeit aufweist. Sie sind mit größerer Wahrscheinlichkeit in der Lage, sich bietende Chancen (z.B. Zugriff auf Fördermittel, die für kooperative Vorhaben bereitstehen) zu nutzen, und können den Aufwand für die interkommunale Abstimmung minimieren.

3. Interkommunale Kooperationen in Destinationen

Die Vorteile interkommunaler Kooperationen bestehen auch im Geschäftsfeld Tourismus. Der durch die veränderten Rahmenbedingungen intensivierte Wettbewerb der touristischen Destinationen und die zunehmende Mittelknappheit öffentlich-rechtlicher Akteure im Tourismus hat auch hier dazu geführt, dass die Frage, wie Destinationen den neuen Anforderungen im Geschäftsfeld Tourismus gerecht werden können (vgl. Eisenstein 2014), unmittelbar mit der Frage verknüpft ist, mit welchen Partnern man sich dem Wettbewerb stellen kann. Die Kommunen müssen sich der Tatsache bewusst sein, dass sie mit Ausnahme weniger Fälle – Großstädte mit Potenzial für Städtetourismus und hochintensive, auf spezielle Themen und/oder Zielgruppen ausgerichtete Tourismusorte wie z.B. einige Ski- oder Badeorte – mit anderen Kommunen kooperieren müssen, um eine ausreichende Wettbewerbsfähigkeit als Destination am Markt gewährleisten zu können. Dies stellt eine große Herausforderung dar, da die Beharrungstendenzen historisch gewachsener Strukturen und Vermarktungseinheiten stark ausgeprägt sind (vgl. Eisenstein 2014). Neben der grundsätzlichen Befürchtung, dass man sich beim Eingehen verbindlicher Kooperationen in der kommunalen Selbstverwaltung beschränkt und – damit einhergehend – ein Verlust an Autonomie stattfindet, kommen neue Herausforderungen hinzu, denen sich Kommunen unabhängig von der Entwicklung des Geschäftsfeldes Tourismus stellen müssen; dazu gehören z.B. die internationale Standortkonkurrenz und der demografische Wandel, oftmals flankiert von politisch-administrativen und finanziellen Hemmschwellen (vgl. Blecken 2012).

Eisenstein (2014) kategorisiert die Herausforderungen, vor der viele der traditionell gewachsenen Destinationen stehen: Auf der einen Seite die „Verpolitisierung", die marktkonformes Agieren (inhaltlich, aber auch hinsichtlich der erforderlichen Reaktionszeiten auf Bewegungen im Markt) erschwert; auf der anderen Seite der Mangel an Ressourcen, der einer marktgerechten Ausgestaltung der touristischen Aktivitäten entgegensteht.

Eine marktadäquate institutionelle und auf die Ressourcen bezogene Neugestaltung der Tourismusorganisationen steht in den meisten Destinationen noch aus; die Vielzahl der Akteure kann nur mit einem immensen Aufwand koordiniert werden (Eisenstein 2014).

4. Erfolgsfaktoren für interkommunale Kooperationen

Unabhängig vom Geschäftsfeld Tourismus werden in der Literatur vielfach „Freiwilligkeit" und „Gleichberechtigung" als wesentliche Grundlagen für den Erfolg von interkommunalen Kooperationen genannt (vgl. Blecken 2012; Glatthaar 2009; Hesse/Götz 2006).

Aus dem Anspruch, diese Grundlagen gewährleisten zu können, resultieren aufwändige Informations- und Abstimmungsprozesse bei der Initiierung und Umsetzung von interkommunalen Kooperationen; daraus wiederum resultiert eine hohe Anzahl sozialer Kontakte zwischen den in die Kooperation involvierten Akteuren. Blecken (2012) schlussfolgert dementsprechend, dass es auch für den Erfolg der Kooperation entscheidend ist, „[…] persönliches Vertrauen zwischen den Beteiligten aufzubauen." (Blecken 2012).

Die abzustimmenden Prozesse haben einen hohen territorialen Bezug; die hohe Bedeutung der Kommunen in diesen Prozessen resultiert aus ihrer Eigenschaft als räumlich verfasste Teilelemente der Region/Destination (vgl. Bergmann/Jakubowski 2001). Riechel (2008) postuliert vor diesem Hintergrund, dass dem „Verhalten" der Kommunen in Kooperationen besondere Aufmerksamkeit zuteil werden sollte. Für die Kommunen besteht die Erfordernis, über Verhandlungen zu einer Einigung zu kommen und dies im Rahmen eines horizontal strukturierten Koordinationsprozesses, im dem hierarchische Steuerungsmuster nicht zur Verfügung stehen (vgl. Riechel 2008).

Dabei meint „horizontal strukturierter Koordinationsprozess" zunächst einmal nur die „wechselseitige Anpassung von Handlungen" (Fürst 2003 et al.,); de facto also Interaktion. Nach Fürst (2003 et al.,) gelten Ausprägungen der Koordinierung, die Schaden abwenden sollen, als „negative Koordination", „positive Koordination" meint, dass „Akteure das Koordinationsproblem als gemeinsame Aufgabe wahrnehmen und sich um konstruktive Lösungen bemühen". Fürst bezeichnet diese „positive Koordination" als „Kooperation" und schreibt ihr als Basis „partnerschaftliche Beziehungen" zu, die durch die Entscheidungs- und Verantwortungsgemeinschaft der Akteure (vgl. Fürst 2003 et al.) charakterisiert sind.

Es lässt sich dementsprechend schlussfolgern, dass je besser Verantwortungsgemeinschaften in der Lage sind, zu interagieren, desto besser ist die Basis für eine erfolgreiche Kooperation.

5. Die „Beziehungsfähigkeit" von Kommunen

Analog zu Fürst (2004) und Riechel (2008), die im Zusammenhang mit interkommunaler Kooperation von „Handeln", „Partnern" und „Beziehung" sprechen und damit der Kommune im Gesamten ein „Verhalten" zuschreiben, vermenschlichen zahlreiche Autoren bei der Diskussion interkommunaler Kooperationen das Konstrukt „Kommune" als „Partner". Diesem „Partner" – bestehend aus einer Vielzahl von „Interessen", die gebunden sind an formelle und informelle Institutionen, Unternehmen und einzelne Personen – wird dann grundsätzlich eine Art „Beziehungsfähigkeit" zugeschrieben.

Dabei handelt es sich allerdings in der Regel um einen rhetorischen Kniff, um Gedankengänge und Argumente hinsichtlich der Diskussion um die Ausgestaltung interkommunaler Kooperationen durch „Vereinfachung" nachvollziehbar zu machen. Von den handelnden Akteuren werden Verschiebungen von funktionalen und territorialen Kompetenzgrenzen wahrgenommen, resultierend aus der in den letzten Jahren forcierten Regionalisierung und Kommunalisierung von Aufgaben, teilweise flankiert von Gebietsreformen (vgl. Bogomil/Kuhlmann 2010), die zu Kooperationen führen, die „[...] hochgradig durch institutionelle Interessen, ‚Machtspiele' und die strategischen Handlungskalküle der involvierten Akteure geprägt [sind]" (Bogomil/Kuhlmann 2010).

Dementsprechend heben postulierte Erfolgsfaktoren für interkommunale Kooperationen (z.B. Blecken 2012) stark darauf ab, die auf der kommunalen Ebene agierenden Akteure verbindlich und langfristig zu organisieren. Sie zielen damit ab auf die sehr vielschichtigen und schwer zu erfassenden formellen und informellen inneren Strukturen von Kommunen, die kompatibel gemacht und auf eine gemeinsame Zielsetzung hin ausgerichtet werden müssen. Die Komplexität der Situation und die Vielzahl an Einflussfaktoren verhindern dabei eine (relativ) sichere Ergebnisprognose hinsichtlich des Erfolgs der Kooperation. Die Situation ähnelt der Schwierigkeit, menschliches Verhalten vorherzusagen, da diesem eine Vielzahl von nicht sichtbaren kognitiven Strukturen und Prozessen zugrundeliegen, die nicht in Gänze erforscht sind und die auch nur teilweise gemessen werden können (vgl. Zimbardo 2013). Trotzdem ist die Psychologie in der Lage, auf Basis theoretischer Konstrukte Prognosen über die Auftretenswahrscheinlichkeit von Ereignissen und Zusammenhängen bzgl. des menschlichen Verhaltens zu machen, die signifikant sind (vgl. Zimbardo 2013).

Es stellt sich die Frage, ob bei einer ausdrücklich „nicht-rhetorischen" Betrachtung von Kommunen als „Partner" Erklärungsmodelle aus der Psychologie – insbesondere der Sozialpsychologie – auf interkommunale Kooperationen übertragen werden können. Dies würde voraussetzen, dass Kommunen über eine – wie auch immer geartete – Persönlichkeit verfügen, die Handlungsrelevanz besitzt.

Der Autor stellt an dieser Stelle die Hypothese auf, dass die Sozialpsychologie zahlreiche wissenschaftlich fundierte Lösungsansätze böte, wenn man Kommunen als Persönlichkeit auffassen würde, z.B. wie Konfliktsituationen vermieden werden können. Die „Vermenschlichung" von Kommunen würde es – vorausgesetzt die Persönlichkeit von Kommunen kann gemessen werden – ermöglichen, „Faustregeln" zur Prognose zukünftiger Ereignisse anzuwenden; so ließe sich z.b. erwarten, dass in der Kooperation von A, B und C Konflikte im Umgang mit Kommune B wahrscheinlich sind, wenn Kommune B über das Persönlichkeitsmerkmal „aggressiv" verfügen würde.

Auf der informellen Ebene könnten Persönlichkeitsmerkmale durchaus entscheidungsrelevant sein. Allein die Kenntnis darüber, ob eine Kommune z.B. über das Merkmal „ängstlich" verfügt, kann für die Gestaltung des Kooperationsprozesses von großer Relevanz sein. „Ängstliche" Kommunen würde man z.B. erst zu einer Entscheidung drängen, wenn eine Mehrzahl der Kooperationspartner bereits eine Entscheidung getroffen hat.

Diese Vorgehensweise entspricht grundsätzlich dem Prinzip der Entscheidungsheuristiken in der Psychologie. Die Erfordernis, komplexe Entscheidungsprobleme im Alltag zu vereinfachen, führt dazu, dass Menschen in Entscheidungssituationen einfache Entscheidungsregeln, sogenannte „Entscheidungsheuristiken", anwenden (vgl. Werkmann-Karcher/Rietiker 2010). Im oben geschilderten Fall wurde die Faustregel „Ängstliche schließen sich bei Entscheidungen der Mehrheit an" angewandt bzw. wäre das Wissen um diese Regel entscheidend für die Gestaltung der Vorgehensweise z.B. zum Herbeiführen einer elementaren Entscheidung in einem interkommunalen Kooperationsprozess.

Wenn einzelne Kommunen in ihrer Gesamtheit also analog zum Menschen über Charaktermerkmale verfügen, wäre es naheliegend, zu überprüfen, ob auch für Kommunen – analog zur interpersonalen Anziehung zwischen menschlichen Individuen – Aspekte postuliert werden können, die einen Kooperationserfolg (eine „glückliche Bindung") befördern oder hemmen.

Es ist allerdings bisher weder nachgewiesen, dass Kommunen über Charaktermerkmale verfügen, noch ist dieser Aspekt in der Diskussion um interkommunale Kooperationen bisher umfassend thematisiert worden.

Im Rahmen der vom hessischen Ministerium für Wissenschaft und Kunst seit 2008 geförderten Offensive zur Entwicklung wissenschaftlich-ökonomischer Exzellenz (LOEWE) sind dem Schwerpunktprojekt „Eigenlogik der Städte" aber bereits Ansätze zur Beschreibung und Untersuchung von Städten als „[…] auf spezifische Weise vergesellschaftende Einheiten" zu entnehmen, um typische und wiederkehrende Muster in den Städten zu identifizieren. Der Ansatz „Eigenlogik der Städte" zielt allerdings darauf ab, das Handeln von Menschen in einer Stadt zu erklären (bzw. darzustellen, inwieweit in der Stadt handelnde Menschen von den Strukturen geprägt sind), postuliert aber bereits, dass Städte über grundlegende Strukturen verfügen, die sich voneinander signifikant unterscheiden (vgl. Noller 2014).

Wenn signifikant unterschiedliche Strukturen in Städten das Handeln von Menschen prägen, kann nicht ausgeschlossen werden, dass auch die Gesamtheit aller Handlungen von Menschen in einer Stadt sich von der Gesamtheit aller Handlungen von Menschen in einer anderen Stadt signifikant unterscheidet; hier bestünde eine Schnittstelle zu Handlungsrelevanz einer wie auch immer gearteten kommunalen Persönlichkeit.

Inwieweit die Persönlichkeit eine Rolle dabei spielt, ob Menschen für bestimmte andere Menschen Gefühle hegen, die über Freundschaft hinausgehen und im weitesten Sinne als „romantische Liebe" beschrieben werden können, kann die Psychologie nicht vollständig erklären (vgl. Zimbardo 2013). Grundsätzlich erklärbar ist allerdings, wie interpersonale Attraktion zustande kommt.

Nähe

Eine der einfachsten Determinanten der interpersonalen Anziehung ist die Nähe (vgl. Berscheid/Reis 1998); Psychologen sprechen vom „Effekt der Nähe": „Die Erkenntnis, dass je häufiger wir Menschen sehen oder mit Ihnen interagieren, umso wahrscheinlicher ist, dass sie unsere Freunde werden." (Aronson/Akert/Wilson 2008). Der Effekt der Nähe wirkt aufgrund von „Vertrautheit" bzw. dem „Mere-Exposure-Effekt"; der Erkenntnis, dass der Mensch umso eher dazu neigt, einen Reiz zu mögen, je mehr er diesem Reiz ausgesetzt ist. Voraussetzung ist allerdings die Abwesenheit negativer Qualitäten bei der Reizquelle. (vgl. Aronson/Akert/Wilson 2008). Überträgt man diese Erkenntnis aus der Sozialpsychologie auf die Kooperation von Kommunen – immer vorausgesetzt, diese verfügen über eine wie auch immer geartete Persönlichkeit – hieße das, dass zunächst zu eruieren wäre, ob eine der an der Kooperation beteiligten Kommunen auf ihre Gesamtheit bezogene Merkmale aufweist, die von anderen beteiligten Kommunen als negative Qualitäten wahrgenommen werden. Dabei besteht jedoch die Problematik, dass die Kommune als Persönlichkeit weder wahrnehmungsfähig noch sprachfähig ist und dementsprechend – im Unterschied zum menschlichen Individuum – keine Reize wahrnimmt und Einschätzungen verbalisieren kann. Geht man aber analog zur Theorie der Eigenlogik der Städte davon aus, dass die grundlegenden Strukturen einer Kommune die in ihr handelnden Menschen prägen, dann kann vermutet werden, dass deren Wahrnehmung und Einschätzung mit der grundlegenden Struktur der Kommune korreliert und auf dieser Ebene Kommunikation stattfinden kann.

Sofern die Wahrnehmung negativer Qualitäten ausgeschlossen werden kann, sollten die Kommunen kooperative Aktivitäten starten, die sich ohne großen Aufwand an Ressourcen umsetzen lassen und deren Scheitern keine gravierenden Konsequenzen für die beteiligten Kommunen hätte. Zielsetzung wäre weniger der Erfolg des kooperativen Projektes als vielmehr die Erhöhung der Kontaktfrequenz. Das aufwändige Gewährleisten von Erfolgsfaktoren für interkommunale Kooperationen, wie z.B. das Herstellen belastbarer Organisationsstrukturen mit verbindlichen Regeln, das Bereitstellen transparenter Datengrundlagen, transparente Information und Kommunikation für Politik, Verwaltung und Öffentlichkeit, das Einbeziehen mehrerer kommunaler Handlungsfelder u.ä. (vgl. Blecken 2012), könnte entfallen bzw. wesentlich unaufwändiger gestaltet werden. Das bedeutet nicht, dass diese Erfolgsfaktoren für eine langfristige Kooperation nicht gegeben sein müssen, sondern zunächst nur, dass eine Kooperation auch ohne die Umsetzung dieser Erfolgsfaktoren begonnen werden kann.

Aus der Erhöhung der Kontaktfrequenz ergäbe sich entsprechend dem „Mere-Exposure-Effekt" eine steigende Sympathie – einhergehend mit wachsendem Vertrauen – zwischen den kooperierenden Kommunen, die das Umsetzen auch aufwändigerer kooperativer Vorhaben deutlich erleichtern würde. Es ist davon auszugehen, dass Kommunen, die ein Vertrauensverhältnis aufgebaut haben auch eher in der Lage sind, die oben genannten Erfolgsfaktoren umzusetzen. Das Herstellen von „Vertrauen" durch Nähe senkt zunächst einmal die Hemmschwelle für Kommunen, in eine Kooperation einzutreten.

Dass Vertrauen ein wichtiger Grundstein ist für den Erfolg von interkommunalen Kooperationen, ist auch der Handreichung „Interkommunale Zusammenarbeit" (Frick/Hokkeler 2008) zu entnehmen. Auch hier wird empfohlen, durch die Kooperation in Aufgabenfeldern, die nicht unmittelbar von großen finanziellen und funktionalen Interessen dominiert werden, Vertrauen aufzubauen und Berührungsängste abzubauen (vgl. Frick/Hokkeler 2008).

Attraktivität und Ähnlichkeit

Neben der räumlichen Nähe spielt die Attraktivität der Partner eine große Rolle in der interpersonalen Anziehung. Bei der Anbahnung einer Beziehung ist die Attraktivität nachgewiesenermaßen von entscheidenderer Bedeutung als ein hoher Intelligenzquotient, als soziales Geschick oder eine ansprechende Persönlichkeit. Begründet ist diese Tatsache in einem in der westlichen Kultur stark ausgeprägtem Stereotyp: Physisch attraktive Menschen sind auch in anderer Hinsicht „gute Menschen", d.h. Menschen, die über allgemein angesehene Überzeugungen, Einstellungen und Werte verfügen (vgl. Zimbardo 2013).

Das Stereotyp basiert auf der menschlichen Entwicklungsgeschichte: Im Zuge der Evolution haben sich Kriterien zur Auswahl von Partnern herauskristallisiert, die auf hohe Fortpflanzungs- und Brutpflegefähigkeiten hindeute. Deren äußere Merkmale haben sich zu Schönheitsidealen entwickelt (vgl. Buss 2004). Für langfristig erfolgreiche Bindungen ist jedoch nicht die absolute Attraktivität entscheidend, sondern ob die Partner in etwa gleich attraktiv sind bzw. sich „ähnlich" sind, wobei das Individuum evolutionsbedingt (s.o.) vermutet, dass wenn ähnliche Attraktivität vorhanden ist, auch eine hohe Wahrscheinlichkeit für ähnliche Überzeugungen, Einstellungen und Werte gegeben ist (vgl. Zimbardo 2013). Individuen nehmen an, dass Menschen, die Ihnen ähnlich sind, sie mögen, und aufgrund der Übereinstimmungen bei Überzeugungen, Einstellungen und Werten dementsprechend für eine Beziehung relativ wenig Konfliktpotenzial vorhanden ist (vgl. Aronson/Akert/Wilson 2008). In Anbetracht dieser Annahme fällt ihnen eine Kontaktaufnahme leichter als bei Menschen, die sie als weniger ähnlich einschätzen und bei denen dementsprechend ein höheres Konfliktpotenzial vermutet wird. Zudem führt das Vorhandensein ähnlicher Überzeugungen, Einstellungen und Werte dazu, dass die eigenen Überzeugungen, Einstellungen und Werte bestätigt werden. Individuen haben in der Gruppe mit Ähnlichen das Gefühl, „[…] dass [sie] Recht haben" (Aronson/Akert/Wilson 2008).

Ähnlichkeit ist zudem auch als Abgrenzungsmerkmal von Relevanz. Das menschliche Individuum erinnert im Kontakt mit unähnlichen Personen häufig Konflikte und ist dementsprechend motiviert, diese Personen zu vermeiden; übrig bleiben dann die ähnlichen als Freunde (vgl. Zimbardo 2013). Übertragen auf interkommunale Kooperationen bedeutet das, dass die kooperierenden Partner sich „ähnlich" sein müssen hinsichtlich der Einschätzung der wesentlichen Aspekte der geplanten Kooperation (z.B. hinsichtlich der Zielsetzung, der aufzubringenden Ressourcen, der Aufgabenteilung etc.). Es bedeutet nicht zwingend, dass die kooperierenden Kommunen über ähnliche Strukturen (z.B. Einwohnerzahl, demografische Entwicklung, Wirtschaftskraft, politische Mehrheitsverhältnisse o.ä.) verfügen müssen.

Die fehlende Ähnlichkeit ist auch eine Erklärung, warum kleinere Kommunen in interkommunalen Kooperationen gegenüber größeren Kommunen, die bereit sind, größere finanzielle und personelle Ressourcen einzubringen, Befürchtungen haben, diese würden die Beziehung dominieren (vgl. Frick/Hokkeler 2008). Diese Befürchtung wird in der Literatur auch als „asymmetrische Kompetenzwahrnehmung" bezeichnet, die eine Hemmschwelle für interkommunale Kooperationen darstellt (vgl. dazu auch den Beitrag von Eisenstein/Koch in diesem Band).

Logische Konsequenz aus der Betrachtung von Attraktivität und Ähnlichkeit wäre es, interkommunale Kooperationen – zumindest im ersten Schritt – auf Handlungsfelder zu beschränken, in denen hinsichtlich der Einschätzung der wesentlichen Aspekte der geplanten Kooperation Ähnlichkeit besteht oder – sofern diese Ähnlichkeit nicht gegeben ist – diese zunächst herzustellen. Dass dabei die Phase der Zielsetzung in interkommunalen Kooperationsprojekten oft unterschätzt und zu wenig berücksichtigt wird, bemängeln auch Frick und Hokkeler (2008).

Diese Vorgehensweise, zunächst Gemeinsamkeiten der beteiligten Kommunen herauszuarbeiten und Kooperationen zunächst auf diese zu beschränken, steht im Gegensatz zu dem häufig propagierten multi-sektoralen Ansatz, den z.B. auch Blecken (2012) als einen Erfolgsfaktor für interkommunale Kooperationen listet. Dass die Gemeinsamkeiten einer Region (= die „Ähnlichkeiten") identitätsstiftend für eine interkommunale Kooperation wirken können und sich damit positiv auf die Kooperation auswirken, wird wiederum von Frick und Hokkeler (2008) postuliert; analog zur Wichtigkeit des „Vertrauensaufbaus" (s.o.).

Reziprozität

Menschen mögen es, gemocht zu werden, und das Wissen, dass jemand einen Menschen mag („ihm zugeneigt ist"), stellt für diesen Menschen eine wichtige Determinante für die Stärke der interpersonellen Anziehung dar. Je mehr ein Mensch davon ausgeht, dass ein anderer ihn mag, umso mehr mag er diesen Menschen. Zuneigung kann als Determinante so stark sein, dass sie eine ggf. fehlende Ähnlichkeit kompensieren kann (vgl. Aronson/Akert/Wilson 2008).

Wie bereits eingangs erläutert, besteht für Kommunen (insbesondere auch im Geschäftsfeld Tourismus) häufig die Notwendigkeit, zu kooperieren. Dabei handelt es sich oftmals um Zwangsbündnisse, die nicht selten auch Kommunen zusammenbinden, die sich hinsichtlich ihrer mit der Kooperation verbundenen Zielsetzungen und weiteren damit einhergehenden Aspekten stark unterscheiden, sich also nicht „ähnlich" sind.

Überträgt man die Regel der Reziprozität auf interkommunale Kooperationen, stellt sich zunächst die Frage, wie eine Kommune ausdrücken kann, dass sie eine andere Kommune mag. Auch wenn die Frage zunächst absurd klingt, lassen sich auch hier Erkenntnisse der Psychologie übertragen. Eine Übertragung funktioniert über die Art und Weise, wie ein Mensch Zuneigung ausdrückt bzw. sich gegenüber jemandem verhält, den er mag. Ein Mensch, der einen anderen mag, schaut ihm in die Augen, er interessiert sich für den anderen und seine Bedürfnisse und nimmt diese ernst, kommuniziert offen und ist ihm dabei zugewandt (vgl. Zimbardo 2013).

Frick und Hokkeler (2008) listen Erfolgsfaktoren für die Zielfindung in interkommunalen Kooperation auf, die im Grundsatz diesem Verhalten entsprechen (insbesondere bezogen auf Kooperationen zwischen Kommunen ungleicher Größe): „Gleichberechtigung" wird diesbezüglich als ein Schlüsselfaktor genannt, „Erhalt der Autonomie" und „Transparenz" (durch schlanke Entscheidungsstrukturen) sind weitere. Dahinter steckt der Grundgedanke, dass die in einer Kooperation zusammengebundenen Kommunen sich auf Augenhöhe begegnen müssen, sich gegenseitig ernst nehmen und nachvollziehbar („offen") handeln; de facto ein ähnliches Verhalten wie das Verhalten, mit dem menschliche Individuen Zuneigung ausdrücken.

So gesehen sind Kommunen „beziehungsfähig".

6. Fazit

Betrachtet man Kommunen als in sich geschlossene und eigenständige Persönlichkeiten, fällt auf, dass insbesondere sehr praktische Empfehlungen zur Initiierung, Ausgestaltung und Umsetzung von interkommunalen Kooperationen mit Erklärungsansätzen aus der Psychologie genützt werden können.

Erkenntnisse aus der Psychologie könnten interkommunalen Kooperationen zu mehr Effizienz und Effektivität verhelfen, sowohl hinsichtlich der Initiierung von Kooperationen, als auch in Bezug auf die Gestaltung von Entscheidungsprozessen in Kooperationen.

Voraussetzung für die praktische Anwendung der Hypothese wird sein, dass es gelingt, ein theoretisch valides Konstrukt zur Übertragung von insbesondere sozialpsychologischen Erkenntnissen auf interkommunale Kooperationen zu generieren und dieses Konstrukt umsetzungsfähig und praxisrelevant auszugestalten. Diesbezüglich besteht jedoch erheblicher Forschungsbedarf:

Es ist zu ermitteln, ob Kommunen überhaupt über eine Persönlichkeit verfügen; dabei ist der entscheidende Faktor die Messbarkeit. Nur eine messbare Persönlichkeit kann als Grundlage für weitere Forschungen dienen. Die Psychologie stellt etliche Methoden zur Erfassung der menschlichen Persönlichkeit zur Verfügung. Es ist zu überprüfen, ob diese – ggf. modifiziert – zur Messung der

Persönlichkeit von Kommunen geeignet sind und welche Art von Verhalten auf Basis der Messergebnisse wie valide prognostiziert werden kann. Sofern eine messbare Persönlichkeit für Kommunen nachgewiesen werden kann, eröffnen sich zahlreiche Ansätze für weitergehende Forschungsfelder. Die Übertragung von Erfolgsfaktoren aus Paarbeziehungen auf interkommunale Kooperationen, die Anwendung von Erkenntnissen aus der Gruppendynamik auf Kooperationen von mehr als zwei Kommunen und die Implementierung von persönlichkeitsbasierten Entscheidungsheuristiken in die Steuerungsmechanismen interkommunaler Kooperationen seien hier beispielhaft genannt.

Literaturverzeichnis

Aronson, E./Akert, R.M./Wilson, T.D. (2010): *Sozialpsychologie*. Pearson.

Bergmann, E./Jakubowski, P. (2001): *Strategien der Raumordnung zwischen Kooperation und Wettbewerb*. In: Informationen zur Raumentwicklung. Heft 8.

Berscheid, E./Reis, H.T. (1998): Attraction and close relationships. In: Gilbert, D.T./Fiske, S.T./Lindzey, G. [Hrsg.]: *The handbook of social psychology*. Mc Graw-Hill.

Blecken, L. (2012): Interkommunale Kooperationen zur Gewährleistung der Handlungsfähigkeit. In: Growe, A./Heider, K./Lamker, C./Paßlick, S./Terfrüchte, T. [Hrsg]: *Polyzentrale Stadtregionen – Die Region als planerischer Handlungsraum*. Akademie für Raumforschung und Landesplanung.

Bogomil, J./Kuhlmann, S. (2010): *Kommunale Aufgabenwahrnehmung im Wandel*. Springer Verlag.

Buss, D.M. (2004): *Evolutionäre Psychologie*. Pearson.

Donat, C./Lipinsky, J. (2009): *Stadtreinigung Hamburg – ein Sieg für die interkommunale Kooperation*. In: KommJur Heft 10/009.

Duhm, S./Geiger, C./Grömig, E. (2003): *Interkommunale Kooperation: Möglichkeiten zur Verbesserung von Verwaltungsleistungen*. Deutscher Städtetag Band 31.

Eisenstein, B. (2014): *Grundlagen des Destinationsmanagements*. 2. Auflage. Oldenbourg.

Frick, H.J./Hokkeler, M. (2008): *Interkommunale Zusammenarbeit – Handreichung für die Kommunalpolitik*. Bonn: Friedrich-Ebert-Stiftung.

Fürst, D./Müller, B./Löb, S./Zimmermann, K. [Hrsg.] (2004): *Steuerung und Planung im Wandel: Festschrift für Dietrich Fürst*. VS Verlag.

Fürst, D./Rudolph, A./Zimmermann, K. (2003): *Koordination der Regionalplanung*. Westdeutscher Verlag.

Glatthaar, M. (2010): *Stadtregionale Verbände – Lösungen des Steuerungsdilemmas in schrumpfenden Regionen?* University Press.

Hesse, J. J./Götz, A. (2006): *Kooperation statt Fusion?: Interkommunale Zusammenarbeit in den Flächenländern.* Nomos.

Kind, G. (1999): Stand der interkommunalen Zusammenarbeit in den neuen Bundesländern Sachsen, Sachsen-Anhalt und Thüringen, in: ARL (Akademie für Raumforschung und Landesplanung) [Hrsg]: Interkommunale Zusammenarbeit.

Koch, T. (2006): *Stadtmarketing.* VDM Verlag.

Noller, P. (2014): [Technische Universität Darmstadt - Website des Forschungsschwerpunktes „Stadtforschung" und des LOEWE-Schwerpunkts „Eigenlogik der Städte"] [http://www.stadtforschung.tu-darmstadt.de/eigenlogik_der_staedte/- Stand 26.07.2014].

Riechel, R. (2008): *Regionale Entwicklung organisieren?* Band 13. Graue Reihe des Instituts für Stadt- und Regionalplanung. Universitätsverlag der TU Berlin.

Werkmann-Karcher, B./Rietiker, J. (2010): *Angewandte Psychologie für das Human Resource Management.* Springer Verlag.

Zimbardo, P. G./Gerrig, R. J. (2013): *Psychologie.* Springer Verlag.

Eric Horster

Stars und Sternchen im Social Web: Kooperationsmöglichkeiten mit digitalen Meinungsführern im Tourismus

1. Soziales Kapital als Basis des digitalen Meinungsführermanagements

Die grundlegende Aktivität in sozialen Netzwerken wie Facebook besteht im virtuellen Austausch mit Bekannten oder Freunden. Diese Interaktion erfolgt über bestimmte Themen, die sich auf Basis von sogenannten „Statusmeldungen" der Nutzer bilden. Die Zeit, die Menschen vor, während und nach ihrem Urlaub in digitalen Netzwerken verbringen, steigt stetig (FUR 2014, 4-5).

Die Frage, die sich daher für touristische Unternehmen stellt, ist, wie solche Aktivitäten im Rahmen des digitalen Tourismusmarketings gewinnbringend genutzt werden können. Die Antwort auf diese Frage lässt sich aber nicht direkt mit einem monetären Nutzen beziffern. Der Return on investment (ROI) des Social Media Marketings kann nur schwer gemessen werden.

In diesem Beitrag soll daher aufgezeigt werden, wie touristische Unternehmen durch Kooperation mit digitalen Meinungsführern profitieren können. Dies erfolgt unter Rekurs auf Bourdieu. Darauf aufbauend soll durch Ansätze der Netzwerktheorie verstärkt auf die Rolle von Meinungsführern innerhalb von sozialen Netzwerken eingegangen werden. Abschließend erfolgt eine Strukturierung unterschiedlicher Arten von Meinungsführern. Ziel des vorliegenden Beitrags ist es dabei, den Nutzen von Kooperationen mit Meinungsführern im Kontext des digitalen Tourismusmarketings aufzuzeigen.

Bourdieu (1983) differenziert drei Formen des Kapitals: Ökonomisches, kulturelles und soziales Kapital. Das ökonomische Kapital bezieht sich dabei auf Eigentumsrechte und ist insofern direkt in einem monetären Zusammenhang zu betrachten. Das kulturelle Kapital meint die institutionalisierte Form von Bildung durch akademische Titel, die Entwicklung wissenschaftlicher Theorien oder auch durch Fähigkeiten, die ein Mensch durch Bildungsmaßnahmen erwirbt. Das soziale Kapital umfasst schließlich Netzwerke, durch die gegenseitige Verpflichtungen und Beziehungen realisiert werden (vgl. Abbildung 1).

Abb. 1: Kapitalarten nach Bourdieu[1]

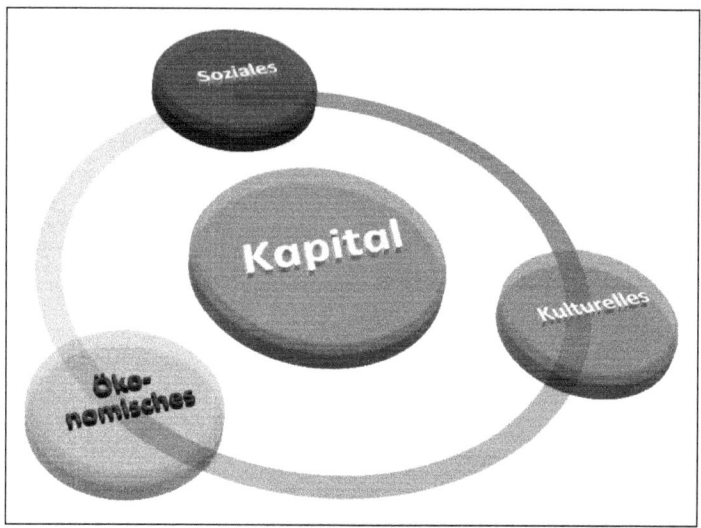

Bourdieu weist darauf hin, dass ökonomische Zusammenhänge eine „akkumulierte Geschichte" seien (Bourdieu 1983, 183). Die Akkumulation der Kapitalarten braucht dementsprechend Zeit. Gleichzeitig spiegelt die Verteilungsstruktur der Kapitalarten die „immanente Struktur der gesellschaftlichen Welt" wider. Daher merkt Bourdieu (1983, 185) an: „Eine allgemeine ökonomische Praxiswissenschaft muß sich deshalb bemühen, das Kapital und den Profit in allen ihren Erscheinungsformen zu erfassen". Zudem seien die genannten Kapitalarten miteinander verwoben. Die Sichtweise, dass Kapital zum einen mehr ist, als monetäre Ressourcen, und zum anderen, dass die Kapitalarten miteinander verwoben sind, kann als Ausgangspunkt zur Erklärung des Return on Investment des digitalen Meinungsführermanagements dienen, denn es ist auch eine Transformation von einer zur anderen Kapitalart – wenn auch in begrenztem Umfang – möglich. Vor dem Hintergrund, dass somit alle Kapitalarten auch in ökonomischem Kapital münden können, sind wirtschaftliche Austauschprozesse im Tourismus nicht auf den Kauf und Verkauf von Reisen zu reduzieren. Es sollte vielmehr analysiert werden, wie die verschiedenen Arten von Kapital ineinander transformiert werden können.

Diese Transformation lässt sich auch im Kontext des Social Web illustrieren, denn, so Specht (2012): „Soziales Kapital ist das wichtigste Investitionsmittel im

---

1 Quelle: Eigene Darstellung basierend auf Bourdieu 1983, 1986

Social Web". Dies gilt nicht nur für Kunden, sondern auch für touristische Unternehmen, da diese innerhalb sozialer Netzwerke direkt mit potenziellen Gästen interagieren können. Aus diesem Verständnis heraus bildet der Aufbau von Sozialkapital die Basis des touristischen Meinungsführermanagements im Social Web. Definiert wird das soziale Kapital als: „die Gesamtheit der aktuellen und potentiellen Ressourcen, die mit dem Besitz eines dauerhaften Netzes von mehr oder weniger institutionalisierten Beziehungen gegenseitigen Kennens oder Anerkennens verbunden sind" (Bourdieu 1983, 191). Der Aufbau des Sozialkapitals ist dabei keineswegs kostenlos, sondern erfordert den Einsatz von ökonomischem Kapital. Oder anders ausgedrückt: „Für die Reproduktion von Sozialkapital ist eine unaufhörliche Beziehungsarbeit in Form von ständigen Austauschakten erforderlich, durch die sich die gegenseitige Anerkennung immer wieder neu bestätigt" (Bourdieu 1983, 193). Im Kern geht es also zunächst um den Aufbau von Beziehungen. Dazu müssen bei touristischen Akteuren immense zeitliche und somit gleichfalls monetäre Aufwendungen erbracht werden, denn Beziehungsnetze sind „das Produkt individueller oder kollektiver Investitionsstrategien, die (…) auf die Schaffung und Erhaltung von Sozialbeziehungen gerichtet sind" (Bourdieu 1983, 193). Der Nutzen in der Vermarktung von touristischen Leistungen ist im Social Web daher nicht in einer zentralen und aktiven Aussendung von Informationen zu finden. Die Struktur der Informationsgenese ist im Social Web dezentral, denn, so Specht: „Der Linkempfehlung eines einflussreichen Akteurs im Social Web auf das eigene Blog geht in der Regel ein längeres Investment von kulturellem und sozialem Kapital voraus, das in einer vertrauensvollen Beziehung resultiert".

Die Frage ist nun jedoch, wie dieses Sozialkapital genutzt bzw. in ökonomisches Kapital transferiert werden kann, denn allein die Existenz eines Beziehungsnetzwerkes, in dem sich auch Meinungsführer befinden, bietet innerhalb der Tourismuswirtschaft keinen unmittelbaren monetären Nutzen. Es wäre daher ein Irrtum zu denken, dass durch ein hohes Sozialkapital ein direkter monetärer Vorteil für touristische Akteure entsteht. Vielmehr ist der gezielte Einsatz des sozialen Kapitals eine Grundvoraussetzung für ein effektives digitales Meinungsführermanagement. Dies gilt insbesondere für die touristische Leistung, die strukturell durch ein heterogenes Leistungsergebnis gekennzeichnet ist. Dabei kann es auf Gästeseite durch eine Differenz zwischen erwarteter und erlebter Leistung zu einer negativen oder positiven Abweichung in der Wahrnehmung einer Reise kommen. Resultiert ein Reiseerlebnis in einer negativen Bewertung, so zeigt sich erst dann das eigentliche Potenzial, welches im sozialen Kapital steckt, denn nach Bourdieu (1983) kann ein Unternehmen durch das Sozialkapital ein Netzwerk mobilisieren, welches seinerseits ökonomisches, kulturelles oder auch soziales Kapital einsetzen kann, um das geschädigte Unternehmen zu unterstützen: „Im Idealfall wachsen soziales und ökonomisches Kapital durch die gezielte Vermarktung – sprich Investitionen – gleichermaßen und festigen das Vertrauen der Zielgruppen in das Angebot" (Specht 2012). Dementsprechend könnte der Aufbau von Sozialkapital als Prävention für Krisensituationen interpretiert werden, denn durch die Investitionen in soziales Kapital werden gleichzeitig Beziehungen zu Gästen gefestigt. Diese können dann als Unterstützer in Mikro- und/oder Makro-Krisensituationen dienen und verhindern durch ihren Einsatz dann größere negative elektronische Mundwerbung.

2. Netzwerktheorien als theoretischer Rahmen des digitalen Meinungsführermanagements

Während sich die Ausführungen von Bourdieu auf eine einzelne Person beziehen, können netzwerktheoretische Ansätze dazu dienen, die Beschaffenheit von Netzwerken als Ganzes zu betrachten. Dies kann touristischen Anbietern dabei helfen, wichtige und weniger relevante digitale Meinungsführer zu unterscheiden. Der Aufbau von Beziehungen zu diesen Meinungsführern kann dann in Relation zur Position innerhalb des Netzwerkes erfolgen.

Die Identifikation der Netzwerke kann im Social Web unmittelbar durch den „Social Graph" nachvollzogen werden: „Dieser Social Graph, also die Vernetzung einer Person mit anderen, ist im Netz existent und kann über Plattformen hinweg genutzt werden. Verhalten, Aussagen und Bewertungen im Netz sind einzelnen Personen und damit Netzwerken zuordenbar" (Amersdorffer et al. 2010, 5). Die Anwendung Touchgraph (www.touchgraph.net) visualisiert beispielsweise das private Facebooknetzwerk der Nutzer sowie die Relation zu anderen Netzwerken auf Facebook. Es ist damit möglich, Netzwerkstrukturen auszuwerten und zu nutzen.

Für touristische Akteure ist dieser Beziehungsaufbau elementar, da dieser Auswirkungen auf die Ausprägung des eigenen Netzwerkes im Social Web hat. Dass dies wichtig ist, konnte Mark Granovetter (1973) nachweisen, denn bei der Verbreitung einer Nachricht kommt es ihm zufolge neben dem Vernetzungsgrad einer Person oder eines Unternehmens auch auf die Beschaffenheit des eigenen Netzwerkes an. In seinem berühmten Artikel „The strength of weak-ties" differenziert Granovetter Netzwerke in starke und schwache Beziehungen, sogenannte „strong-ties" und „weak-ties" (vgl. Bienzle et al. 2007, 14). Zunächst könnte angenommen werden, dass starke Beziehungen auch den größten Nutzen für Unternehmen bieten. Granovetter konnte jedoch zeigen, dass dies nicht in jedem Zusammenhang der Fall ist, denn im netzwerktheoretischen Sinne sind starke Beziehungen redundant und bieten demzufolge keine Informationsvorteile: „Je stärker eine Beziehung zwischen zwei Personen ist, (…) desto wahrscheinlicher ist, dass sie gemeinsame Freunde haben" (Bienzle et al. 2007, 14). Im Gegensatz dazu nehmen schwache Beziehungen eine Brückenfunktion innerhalb verschiedener Netzwerke ein: „Sie verbinden Inseln und soziale Kreise, über sie fließen neue Informationen zusammen" (Bienzle et al. 2007, 14). Wenn eine Person oder ein Unternehmen ein heterogenes Netzwerk aufbaut, in dem Brücken zu möglichst vielen verschiedenen Netzwerken bestehen, dann kann diese Position entsprechend genutzt werden. Burt (1992) entwickelt nach dieser Logik die Theorie der strukturellen Löcher (Structural Holes). Ein Akteur, der diese Löcher zu schließen vermag und so Netzwerke miteinander verbindet, wird „Cutpoint-Akteur" genannt (vgl. Bienzle et al. 2007, 15). Einwiller (2003, 92) weist unter Rückbezug auf Burt darauf hin, dass „ein großes, heterogenes Netzwerk mit geringer Dichte besonders große Reichweite besitzt und somit für die Diffusion von Informationen gute Voraussetzungen liefert". Neben der reinen Größe des Netzwerkes ist es für touristische Unternehmen also im Rahmen des digitalen Meinungsführermanagements erstrebenswert, innerhalb des eigenen Netzwerkes Personen zu integrieren, die unterschiedlichen Subnetzwerken angehören (vgl. Abbildung 2).

Abb. 2: Brückenfunktion schwacher Beziehungen durch Cutpoint-Akteure[2]

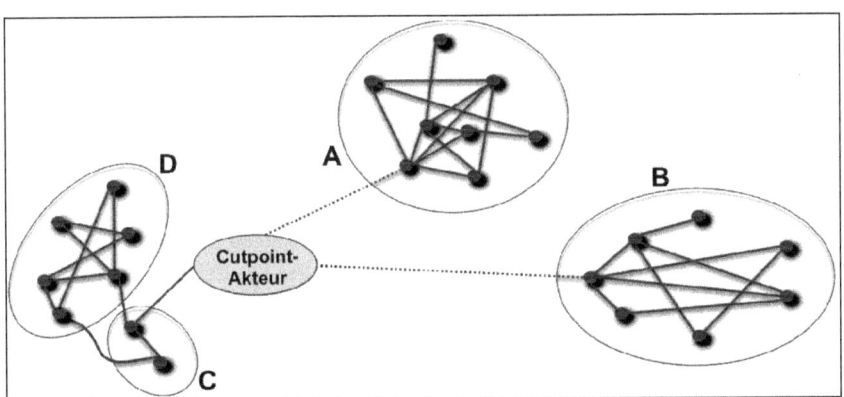

Weimann (1982) differenziert in diesem Zusammenhang zwischen „marginals", also Personen, die sich am Rande eines Netzwerkes befinden und „centrals", also solche, die im Zentrum eines Netzwerkes angesiedelt sind. Während die „marginals" für die Verbreitung von Informationen zwischen zwei lose in Verbindung stehenden Netzwerken verantwortlich sind, sind die „centrals" für die Verbreitung innerhalb des Kernnetzwerkes relevant (vgl. Einwiller 2003, 91). Amersdorffer et al. (2010, 11) merken treffend an, dass zentrale Multiplikatoren, welche die

---

2 Quelle: In Anlehnung an Bienzle et al. 2007, 15

Kommunikationsprozesse innerhalb von sozialen Netzwerken dominieren, dafür verantwortlich seien, dass es „zu einer kumulativen Ausbildung von Trampelpfaden" kommt. Demzufolge ist die Voraussetzung eines effektiven digitalen Meinungsführermanagements für touristische Unternehmen, dass diese sowohl über zentral angesiedelte Akteure, die Informationen innerhalb des Kernnetzwerkes verbreiten, als auch über solche, die an den Rändern angesiedelt sind und damit Brücken zu anderen Netzwerken spannen, verfügen (vgl. auch Einwiller 2003, 91-92).

Die Feststellung, dass schwache Beziehungen einen besonders hohen Wert bei der Verbreitung von Informationen haben, ist im Social Web elementar, denn durch den hohen Grad der Vernetzung sind die „weak-ties" tendenziell häufiger anzutreffen als starke Beziehungen, die in der Regel eine hohe Investition an sozialem Kapital erfordern (vgl. Ebersbach et al. 2011, 198).

3. Charakterisierung von digitalen Meinungsführern

Im Social Web bestimmt sich die Höhe des digitalen Einflusses nach der Ausprägung des Netzwerkes, welches sich in Followern auf Twitter, Freunden auf Facebook oder auch Einkreisungen auf Google Plus einteilen lässt. Der Einfluss ist deshalb bei diesen Personen so groß, weil Nachrichten, die sie teilen, oft weitergeteilt werden. Bourdieu (1983, 193-194) konstatiert, dass Menschen mit einem großen Einflussbereich schon allein aufgrund ihres Sozialkapitals gefragt seien: „Weil sie bekannt sind, lohnt es sich, sie zu kennen. Sie haben es nicht nötig, sich allen ihren ‚Bekannten' selbst bekanntzumachen (…). Wenn sie überhaupt einmal Beziehungsarbeit leisten, so ist deren Ertrag deshalb sehr hoch". Bourdieu weist damit implizit auf die Transformation von sozialem in ökonomisches Kapital hin. Franck (1998, 116) spricht in diesem Zusammenhang von „Aufmerksamkeitseinkünften". Seiner Meinung nach sei es entscheidend, „wer auf wen achtet, wer wen kennt, wer mit wem Umgang pflegt" (Franck 1998, 116). Bekanntheit sei dabei der entscheidende Faktor. Deshalb ist die Identifikation von Meinungsführern – die über einen entsprechenden Bekanntheitsgrad im Social Web verfügen – insbesondere dann von Vorteil, wenn diese Anderen von ihren Urlaubserlebnissen berichten. Denn sind diese Akteure bekannt, können sie gezielt angesprochen werden, um sie dann bevorzugt zu behandeln.

Um diese Identifikation zu ermöglichen ist es hilfreich, sich theoretischen Konzepten der Meinungsführer zu bedienen. Diese Konzepte sind umfangreich diskutiert und dokumentiert, beziehen sich jedoch nicht direkt auf das Social Web. Deshalb wird im Folgenden eine Übersicht der theoretischen Erkenntnisse zu diesem Konstrukt gegeben. Auf dieser Basis werden sodann Implikationen für das digitale Tourismusmarketing abgeleitet.

Dressler und Telle (2009, 13) fassen den Begriff des Meinungsführers zusammen und schreiben ihn Personen zu, „die in ihrer Funktion als Bezugspersonen häufig um Rat und um ihre Meinung gefragt werden und dadurch Einfluss auf andere Personen haben". Sie betonen damit, dass sich das Konzept vornehmlich auf ein Kommunikationsverhalten bezieht. Das aktive Kommunikationsverhalten bestätigen auch Kroeber-Riel et al. (2009, 553): „Es versteht sich von selbst, dass ein Konsument nur dann Meinungsführung erreicht, wenn er viele Kontakte entfaltet, also gesellig ist". Es ist daher wichtig zu verstehen, dass das Konzept der Meinungsführung als das Kommunikationsverhalten in Gruppen charakterisiert werden kann. Analog zu diesem Begriffsverständnis sprechen Meffert et al. (2012, 138) von Meinungsführern als „jene Mitglieder einer Gruppe (…), die im Rahmen des Kommunikationsprozesses einen stärkeren persönlichen Einfluss als andere ausüben und daher die Meinung anderer beeinflussen". Meinungsführer sind daher eher Menschen, die großes Durchsetzungsvermögen besitzen. Auch andere Persönlichkeitsmerkmale wurden zum Teil empirisch geprüft und lassen den Schluss zu, dass Meinungsführer über eine entsprechende Persönlichkeitsstärke verfügen. Charakteristisch für Meinungsführer ist demnach Persönlichkeitsstärke, aktives Kommunikationsverhalten sowie ein großes soziales Netzwerk (vgl. Möller 2011, 42). Aufgrund dieser Charakteristika wird angenommen, dass es in Gruppen durchschnittlich 20-25 Prozent Meinungsführer zu einem bestimmten Meinungsgegenstand gibt. Das Niveau der Meinungsführung kann also mehr oder weniger stark ausgeprägt sein (vgl. Kroeber-Riel et al. 2009, 549). Das Konzept lässt sich daher auch besser in einem Kontinuum abbilden, denn in einer bipolaren Ansicht.

Auch Schenk (1995, 167-168) differenziert zwischen Meinungsführern und Meinungsempfängern. Als Differenzierungskriterium nennt er die Ausformung des Netzwerkes einer Person. Bei Meinungsführern sei dieses im Vergleich zu dem der Meinungsempfänger verhältnismäßig groß, heterogen und nach außen hin offen (vgl. Schenk 1995, 156). Dies habe zur Folge, dass Meinungsführern eine zentrale Stellung bei der Verbreitung von Informationen zukomme: „Meinungsführer verfügen über Netzwerke größerer Reichweite und verbinden dabei unterschiedliche Alteri" (Schenk 1995, 167).

Fasst man alle Charakterisierungen der genannten Autoren zusammen, so lässt sich konstatieren, dass sich Meinungsführer durch ein aktives Kommunikationsverhalten, eine ausgeprägte Persönlichkeitsstärke, eine große fachliche Expertise sowie ein offenes, heterogenes und großes Netzwerk auszeichnen (vgl. Möller 2011, 42). Durch diese Eigenschaften werden Meinungsführer im digitalen Tourismusmanagement besonders interessant. Dennoch können Meinungsführer neben dieser übergeordneten Betrachtung auch in verschiedene Gruppen eingeteilt werden. Diese Differenzierung wird nachfolgend erläutert.

4. Arten von Meinungsführern

Meinungsführer verfügen häufig über eine außerordentlich hohe fachliche Kenntnis in einem bestimmten Themenbereich. Aufgrund ihrer Expertise haben Meinungsführer oft ein gesteigertes Informationsbedürfnis, was auch ihre aktive Beteiligung in der Gemeinschaft bzw. im Social Web sowie die Ausformung ihres Netzwerkes erklärt (vgl. Möller 2011, 41). Aus einer verhaltensorientierten Perspektive ist es so, dass die Handlungen von Meinungsführern meist unterschiedlich ausgeprägt sind.

Eine differenzierte Betrachtung dieser konativen Komponenten bieten Dressler und Telle (2009, 19), welche Meinungsführer, Market Mavens (Markt Experten) und den Frühadoptoren unterscheiden, auch wenn sich alle drei Konstrukte auf einen ähnlichen Wirkungszusammenhang beziehen (vgl. Abbildung 3).

Meinungsführer können demnach unterschiedliche Rollen einnehmen und andere Konsumenten auf verschiedene Art und Weise beeinflussen. Da die Trennung dieser Konstrukte nicht eindeutig ist, soll hier auf einen Begriff von Eck (2010, 227) zurückgegriffen werden, der von sogenannten „Reputationsagenten" spricht. Dieser Terminus ist im wissenschaftlichen Kontext zwar bislang nicht etabliert, kann in diesem Zusammenhang aber als übergeordneter Begriff genutzt werden, wenn es um die positive wie negative Beeinflussung des Unternehmensrufes durch starke und gleichzeitig unabhängige Akteure geht.

Abb. 3: Market Mavens, Frühadoptoren und Meinungsführer im Vergleich[3]

	Meinungsführer	Market Maven	Frühadoptoren
Kauf/ Gebrauch eines Produktes	nicht notwendigerweise, i.d.R. aber schon	nicht notwendigerweise	ja
Produktsachkenntnis	produktspezifisch	produktspezifisch und allgemein, kategorieübergreifend	produktspezifisch
Allgemeine Marktkenntnis (Händler, Preise etc.)	nein	ja	nein
Kommunikationsverhalten	aktiv/ passiv	aktiv/ passiv, primär aktiv	primär aktiv, aber auch passiv
Produktlebenszyklusphase von Interesse für das Marketing	primär Einführungsphase	in jeder Phase	Einführungsphase

---

3 Quelle: Dressler/Telle 2009, 19 nach Walsh 1999, 424

In der klassischen massenmedialen Werbung wird die fachliche Expertise von Reputationsagenten häufig eingesetzt, um Glaubwürdigkeit zu vermitteln (vgl. Meffert et al. 2012, 138-139). Diese Experten werden von Dressler und Telle (2009, 14) als Market Mavens, also Markt Experten, bezeichnet. Im Social Web können hierbei Reiseblogger einen großen Mehrwert bieten, wenn touristische Unternehmen sie als solche gewinnen können. Sie zeichnen sich dadurch aus, dass sie ähnlich wie die Meinungsführer andere beeinflussen und somit auch für die Reputation von Anbietern der Tourismuswirtschaft eine bedeutende Stellung innehaben. Im Gegensatz zu den Meinungsführern bezieht sich das Wissen der Market Mavens (im Tourismus bspw. Reiseblogger) nicht nur auf eine bestimmte Produktkategorie, sondern auf den Markt allgemein. Im Sinne der Persönlichkeitsstruktur und des Kommunikationsverhaltens nehmen Market Mavens auch dann Informationen auf, wenn diese zwar nicht für sie persönlich von Relevanz sind, aber unter Umständen für andere Marktteilnehmer (vgl. Dressler/Telle 2009, 14). Im Kontext des digitalen Tourismusmarketings sind die Market Mavens insofern interessant, weil sie zum einen verstärkt auf Unternehmensinformationen zurückgreifen und zum anderen diese anbieterbezogenen Informationen auch verbreiten und somit zu einer positiven wie negativen Mundkommunikation beitragen (vgl. Dressler/Telle 2009, 15).

Aufgrund ihres umfangreichen Wissens können Market Mavens Trends und Marktinnovationen schneller erkennen. Ob sie die Marktkenntnis aber dazu einsetzen, um touristische Leistungen früh anzunehmen, hängt von der Persönlichkeitsstruktur ab. Ist dies der Fall, so können sie als Frühadoptoren klassifiziert werden. Frühadoptoren sind also Market Mavens, die Innovationen tendenziell früher aufgreifen. Sie sind damit „Konsumenten, die besonderes Interesse an Produktinnovationen haben und diese im Vergleich zu anderen auch früher kaufen und erproben" (Dressler/Telle 2009, 18). Der Wissensvorsprung der Frühadoptoren liegt weniger im Bereich der Marktkenntnis, sondern vielmehr im Erfahrungswissen, welches auf das frühzeitige Testen von Produkten zurückzuführen ist. Für andere Reiseinteressierte werden sie aber gerade aufgrund dieses Wissens als Ratgeber interessant. Laut Dressler und Telle (2009, 18-19) handeln Frühadoptoren insbesondere aus narzisstischen Motiven. Sie erlangen also durch Selbstdarstellung Bestätigung und können durch ihr Verhalten als Pioniere gelten.

5. Einflussbereiche von Meinungsführern

Der vordergründige Einflussbereich der drei genannten Charaktertypen lässt sich im zeitlichen Verlauf sehr gut durch den Produktlebenszyklus erklären (vgl. Abbildung 4).

Abb. 4: *Einflussbereich von Market Mavens, Meinungsführern und Frühadoptoren*[4]

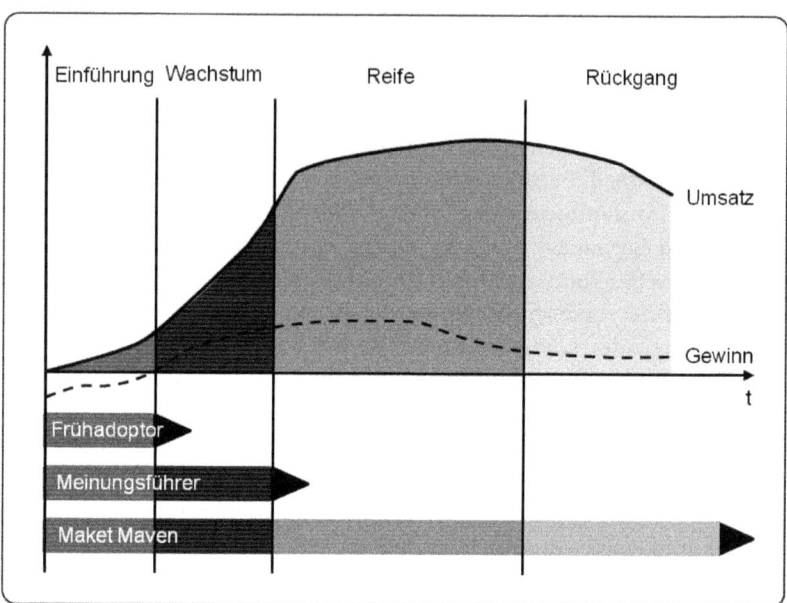

Relevant – im Sinne des digitalen Tourismusmarketings – sind insbesondere weniger interessierte Personen, die sich stärker von Meinungsführern, Marktexperten und Frühadoptoren beeinflussen lassen. Es wird davon ausgegangen, dass diese Personengruppen massenmediale Bemühungen eines Anbieters zwar kennen können, sich aber primär durch Meinungsführer beeinflussen lassen (vgl. Dressler/Telle 2009, 26-27). Einschränkend merken Kroeber-Riel et al. (2009, 554) an: „Meinungsführer sind Schaltstellen der Kommunikation und üben nur dann Einfluss aus, wenn es um Themen geht, an denen ihre Kontaktpartner interessiert sind". Dies ist insbesondere dann der Fall, wenn Kunden eine extensive Kaufentscheidung treffen und dementsprechend hoch involviert sind (vgl. Kroeber-Riel et al. 2009, 553). Da diese Entscheidungsform im Tourismus häufig anzutreffen ist, sollte somit auch das Meinungsführermanagement eine entsprechend prominente Stellung einnehmen (vgl. Horster 2013, 25).

Die Bedeutung, welche Meinungsführer im Social Web besitzen, lässt sich also insbesondere damit erklären, dass diese positive und negative Meinungen

---

4 Quelle: Dressler/Telle 2009, 20 nach Walsh 1999, 425

zu Unternehmensleistungen artikulieren, die dann von anderen Kunden rezipiert und in den Entscheidungsprozess mit einbezogen werden können (vgl. Möller 2011, 40). Dieser Einfluss wird dadurch verstärkt, dass die elektronische Mundwerbung im Gegensatz zu ihrer analogen Variante keinerlei Restriktionen hinsichtlich des Adressatenkreises unterworfen ist (vgl. Möller 2011, 47). So können beispielsweise Kundenbewertungen im Internet öffentlich verfasst und auch abgerufen werden.

Die Diffusion dieser Informationen wird im theoretischen Kontext unterschiedlich modelliert. Häufig verbreitet ist die Ansicht einer zweistufigen Weitergabe, bei welcher der Ausgangspunkt die Massenmedien sind (vgl. Abbildung 5).

Abb. 5: Zweistufen-Modell der Kommunikation[5]

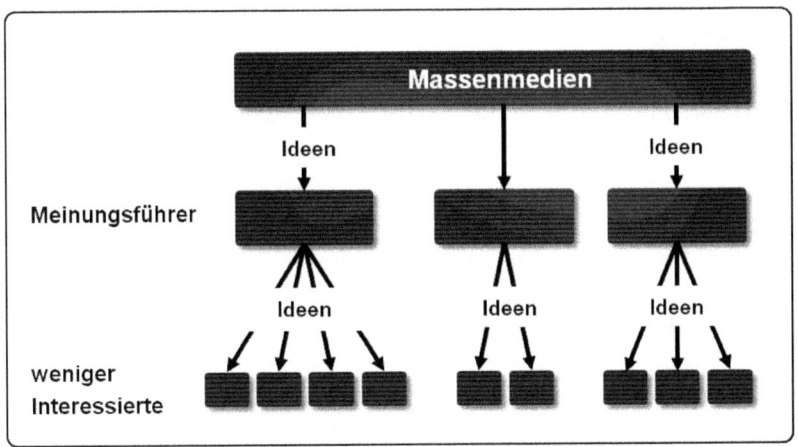

Auf Basis dieser zweistufigen und hierarchischen Modellierung kann angenommen werden, dass massenmediale Werbung ausreichend ist, um Meinungsführer in ihrer Sichtweise zu beeinflussen. Gleichwohl muss aber angemerkt werden, dass dieses Modell im Kontext des Social Web nicht mehr trennscharf ist. Denn digitale Meinungsführer nutzen neben klassischen Medienformaten auch verstärkt Blogs, Foren und weitere Formate als Informationsressource, so dass es auch zu einer verstärkten horizontalen Beeinflussung zwischen den Meinungsführern selbst kommen kann. Eck (2010, 229) zeigt diesen Prozess auf, indem er die Informationsdiffusion vom Unternehmen hin zu den weniger

---

5 Quelle: Dressler/Telle 2009, 27 nach Schenk 2007, 352

Informierten durch den Einfluss sogenannter Markenbotschafter modelliert (vgl. Abbildung 6). Markenbotschafter sind dabei Angestellte, die das Unternehmen durch den Aufbau eines eigenen digitalen Netzwerkes im Social Web repräsentieren.

Abb. 6: *Markenbotschafter und Meinungsführer im digitalen Markenmanagement*[6]

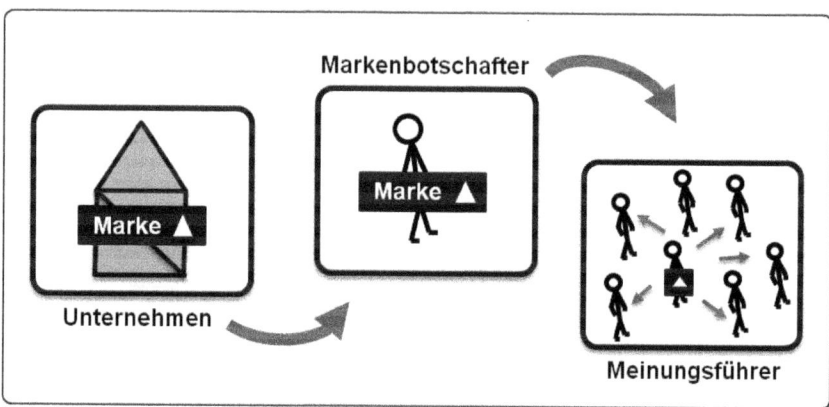

Eck (2010, 235-236) zeigt damit die Beziehung zwischen Personen eines Unternehmens, die als Markenbotschafter agieren, und unabhängigen Personen am Markt auf. Ziel der Markenbotschafter ist es, dass die Meinungsführer im Sinne der Markenbotschafter handeln und die Informationen entsprechend weitertragen.

Die Rolle der Meinungsführer ist daher im Social Web die eines „information brokers", der Unternehmensinformationen filtert, diese unter Umständen kommentiert bzw. bewertet und dann weitergibt. Analog dazu nutzen weniger Interessierte ebenfalls massenmediale Kanäle, wodurch diesen in erster Linie ein Verstärkereffekt zugeschrieben wird, der dazu dienen kann, Einschätzungen von Meinungsführern zu bestätigen (vgl. Dressler/Telle 2009, 27). Durch diese Veränderung der Kommunikationsflüsse ist es daher sinnvoll, von einer starren zweistufigen Sichtweise abzuweichen und die Beeinflussung reziprok zu modellieren (vgl. Abbildung 7). Dennoch hilft das zweistufige Modell, um die Relevanz der einzelnen Akteure und Kommunikationskanäle einschätzen zu können.

---

6   Quelle: In Anlehnung an Eck 2010, 229

Abb. 7: *Meinungsführermodell*[7]

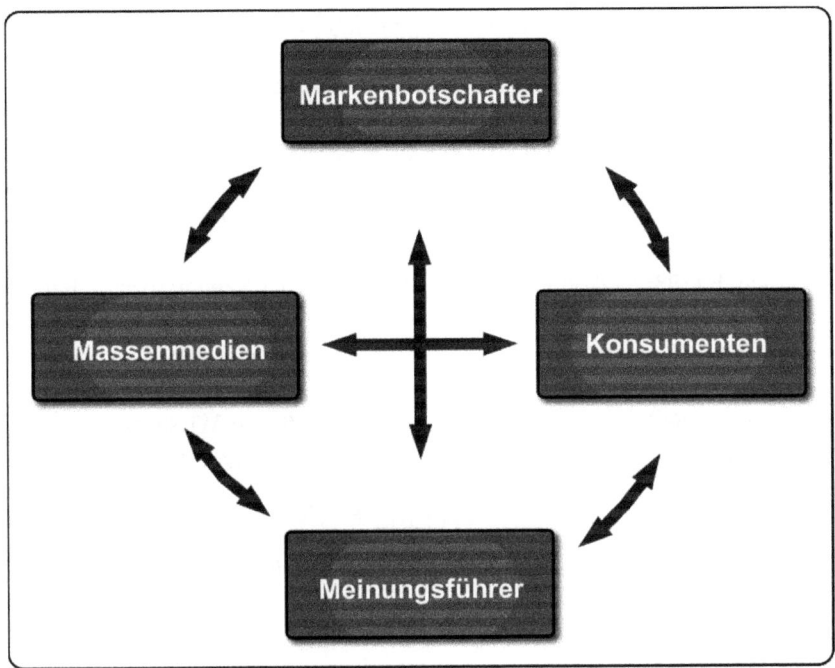

Insgesamt konnte mit diesem Beitrag zum einen das Konzept der Meinungsführung charakterisiert werden und zum anderen konnte dieses Konzept auch in verschiedene Kategorien sortiert werden. Abschließend wurde aufgezeigt, welche Einflussbereiche Meinungsführer haben und wie sich in diesem Zusammenhang die Informationsdiffusion modellieren lässt. Diese Strukturierung ermöglicht es der Tourismuswirtschaft, Kooperationsmöglichkeiten mit Meinungsführern zu erkennen. Es lassen sich somit zukünftig entsprechende Strategien im Social Web entwickeln, welche die genannten Dynamiken einbeziehen und damit die Aussicht auf ein erfolgreiches Social Media Marketing steigern.

---

7   Quelle: In Anlehnung Kroeber-Riel et al. 2009, 547 nach Solomon et al. 2006, 376

Literaturverzeichnis

Amersdorffer, D.; Bauhuber, F. und Oellrich, J. (2010), Das Social Web. Internet, Ge-sellschaft, Tourismus, Zukunft. In: Amersdorffer, D.; Bauhuber, F.; Egger, R. und Oellrich, J. (Hg.). *Social Web im Tourismus. Strategien – Konzepte – Einsatzfelder*, Heidelberg u.a.: 3-16.

Bienzle, H.; Gelabert, E.; Jütte, W.; Kolyva, K.; Meyer, N. und Tilkin, G. (2007), *Die Kunst des Netzwerkens. Europäische Netzwerke im Bildungsbereich*, Wien. Online verfügbar unter: http://www.networks-in-education.eu/fileadmin/images/downloads/art_DE.pdf, abgerufen: 01.05.2013.

Bourdieu, P. (1983), Ökonomisches Kapital, kulturelles Kapital, soziales Kapital. In: Kreckel, R. (Hg.). *Soziale Ungleichheiten*, Göttingen: 183-198.

Burt, R. S. (1992), *Structural Holes. The Social Structure of Competition*, Harvard.

Dressler, M. und Telle, G. (2009), *Meinungsführer in der interdisziplinären Forschung. Bestandsaufnahme und kritische Würdigung*, Wiesbaden.

Ebersbach, A.; Glaser, M. und Richard, H. (2011), *Social Web*. 2. Aufl., Konstanz.

Eck, K. (2010), *Transparent und glaubwürdig. Das optimale Online Reputation Management für Unternehmen*, München.

Einwiller, S. (2003), *Vertrauen durch Reputation im elektronischen Handel*, Wiesbaden.

Forschungsgemeinschaft Urlaub und Reisen e.V. (FUR) (Hg.) (2014), *Reiseanalyse RA 2014. Erste Ausgewählte Ergebnisse der 44. Reiseanalyse zur ITB 2014*. Online verfügbar unter: www.fur.de/fileadmin/user_upload/RA_Zentrale_Ergebnisse/RA2014_ErsteErgeb-nisse_DE.PDF, abgerufen: 24.04.2014.

Franck, G. (1998), *Ökonomie der Aufmerksamkeit. Ein Entwurf*, München und Wien.

Granovetter, M. (1973), The Strength of Weak Ties. In: *American Journal of Sociology*, 78 (6): 1360-1380. Online verfügbar unter: http://sociology.stanford.edu/people/mgranovet ter/documents/granstrengthweakties.pdf, abgerufen: 01.05.2013.

Horster, E. (2013), *Reputation und Reiseentscheidung im Internet. Grundlagen, Messung und Praxis*, Wiesbaden.

Kroeber-Riel, W.; Weinberg, P. und Gröppel-Klein, A. (2009), *Konsumentenverhalten*. 9. Aufl., München.

Meffert, H.; Burmann, Ch. und Kirchgeorg, M. (2012), *Marketing. Grundlagen marktorientierter Unternehmensführung*. 11. Aufl., Wiesbaden.

Möller, M. (2011), *Online-Kommunikationsverhalten von Multiplikatoren. Persönlichkeitsspezifische Analyse und Steigerung des Innovationsinput über User Generated Content*, Wiesbaden.

Schenk, M. (1995), *Soziale Netzwerke und Massenmedien. Untersuchungen zum Einfluß der persönlichen Kommunikation*, Tübingen.

Schenk, M. (2007), *Medienwirkungsforschung*. 3. Aufl., Tübingen.

Solomon, M.; Bamossy, G.; Askegaard, S. und Hogg, M. K. (2006). *Consumer behaviour. A European perspective*. 3. Aufl., Harlow.

Specht, T. (2012), *Ganz im Vertrauen. Gute Blogger brauchen Freunde.* Online verfügbar unter: http://cluetrainpr.de/index.php/ganz-im-vertrauen-gute-blogger-brauchen-freunde-learntank-0312, eingestellt: 01.06.2012, abgerufen: 01.05.2013.

Walsh, G. (1999), Der Market Maven in Deutschland. Ein Diffusionsagent für Marktinformationen. In: *Jahrbuch der Absatz- und Verbrauchsforschung*, 45 (4): 418-434.

Weimann, G. (1982), On the Importance of Marginality. One More Step into the Two-Step Flow of Communication. In: *American Sociological Review*, 47 (6): 764-773.

Dieser Artikel ist eine Ausgliederung aus dem Modul „E-Tourismus/Digitales Tourismusmanagement", welches im Rahmen der Entwicklung des Online-Masterstudiengangs Tourismusmanagement an der Fachhochschule Westküste entstand. Das Gesamtprojekt „Offene Hochschulen in Schleswig-Holstein: Lernen im Netz, Aufstieg vor Ort (LINAVO)" wurde unter dem FKZ 16OH11060 gefördert von:

Ralf Trimborn

Kooperationsherausforderungen bei der Realisierung einer Gästekarte

1. Einfiierung

Destinationen als touristische Zielgebiete bieten dem Gast alle für den Aufenthalt erforderlichen Einrichtungen für Beherbergung, Verpflegung und Unterhaltung (vgl. Bieger 2008, 130ff; Dettmer 2005, 3ff). Um sich am stark umkämpften Tourismusmarkt etablieren zu können und letztendlich eine hohe Gästezufriedenheit zu erreichen, ist es jedoch notwendig, alle diese touristischen Teilleistungen weitestgehend eigenständiger Unternehmen aufeinander abzustimmen und als hochwertiges Angebotspaket gemeinsam zu vermarkten. Insofern beziehen sich neuere Definitionen des Destinationsbegriffes auch auf die Verflechtungen der verschiedenen Tourismusunternehmen bei der touristischen Leistungserstellung (z. B. in Form von Kooperationen und Netzwerken) und der Tourismusplanung. Reisezielgebiete können demnach als „komplexe Planungsdomänen" verstanden werden (vgl. Laux 2012, 14). Die Initiierung und Begleitung von Koordinations- und Kooperationsprozessen gehören zu den wesentlichen Aufgaben eines Destinationsmanagements. Die Stabilität und die Qualität der internen Netzwerke bestimmen langfristig auch über den Erfolg oder Misserfolg der Destination am Markt. Auch jeder einzelne Tourismusakteur kann aus einer erfolgreichen Koordination und Kooperation in der Destination einen Mehrwert schöpfen. Die Vielzahl und Unterschiedlichkeit der touristischen Anspruchsgruppen (Leistungsträger, Tourismusorganisationen, Politik, einheimische Bevölkerung etc.) stellen eine solche Zusammenarbeit und Kommunikation jedoch vor große Herausforderungen.

Ein Instrument, welches bei guten kooperativen Beziehungen der Leistungsträger einer Destination erfolgreich umgesetzt werden kann, ist eine gemeinsame Gästekarte. Zudem ist die Gästekarte auch geeignet, touristische Anbieter unterschiedlicher Art und Größe auch in großflächigen Reisegebieten in einem langfristigen und stabilen Dialog miteinander zu halten. Eine Gästekarte kann strategisch als Mittel zur Destinationsbildung gesehen werden und daher der gemeinsamen und gemeinschaftlichen Weiterentwicklung des Reisegebietes dienen.

Vor dem tourismuswissenschaftlichen Hintergrund der verschiedenen Kartenmodelle möchte der nachfolgende Artikel Erfahrungen, erfolgreiche Strategien und Marketingmaßnahmen bei der Einführung und Umsetzung von Gästekarten für Tages- und Übernachtungsgäste, v.a. in Hinblick auf das Innenmarketing und die regionale Zusammenarbeit, vermitteln. Die im Jahr 2013 eingeführte neue Gästekarte MeineCardPlus der GrimmHeimat NordHessen soll dabei als positives Praxisbeispiel herangezogen werden.

2. Ziele von Gästekarten

Gästekarte ist nicht gleich Gästekarte. Inzwischen hat sich eine Vielzahl verschiedener Kartensysteme am touristischen Markt etabliert. Auch die Namensgebung der Karten variiert stark. Der hier verwendete Begriff *Gästekarte* steht synonym für eine sogenannte *Destination Card* oder *Tourist Card*. Je nach den beabsichtigten Wirkungen und Zielen einer Gästekarte ist auch das zugehörige Kartensystem auszugestalten.

Gästekarten, die dem Gast einer Destination ein komplettes Paket bestehend aus mehreren Einzelleistungen der touristischen Wertschöpfungskette anbieten (vgl. Pechlaner/Zehrer 2005, 9), verfolgen sowohl externe Marketingziele als auch Ziele, die eher das Innenmarketing einer Destination betreffen.

Grundsätzlich sollen durch eine Gästekarte insbesondere mehr (potenzielle) Gäste erreicht, zu Wiederholungsbesuchen angeregt und die touristische Wertschöpfung gesteigert werden. Auch die Koordinationsbereitschaft innerhalb der Destination lässt sich durch die Einführung einer gemeinsamen Gästekarte wesentlich verbessern (vgl. Rüffer 2005, 75).

Die Attraktivität für den Gast sollte für alle Partner eines Destination Card Systems an oberster Stelle stehen. Die bedingungslose Nachfrageorientierung ist Voraussetzung für erfolgreiche Tourismusprodukte. Erst wenn durch die Nutzung der Gästekarte ein wirklicher Mehrwert für den Kunden entsteht und die entsprechende Nachfrage nach den Karten generiert wird, lohnt sich auch der erhebliche Entwicklungs- und Koordinationsaufwand (vgl. u. a. Rüffer 2005, 67; Pechlaner/Zehrer 2005, 21). Die notwendig einzusetzenden finanziellen und personellen Ressourcen aller Akteure gilt es keineswegs zu unterschätzen. Die nachfolgende Abbildung stellt die wesentlichen Ziele einer Gästekarte dar.

Abb. 1: *Ziele von Gästekarten*[1]

Außenmarketing	Stärkung der Destinationsmarke	Gewinnung neuer Gäste	Schaffung von multioptionalen Produkten
	Imagesteigerung	Kundenbindung	
	Steigerung des Bekanntheitsgrades	Verbesserte Angebots-transparenz	Schaffung von attraktiven Produkten
Ziele einer touristischen Gästekarte			
Innenmarketing			Gewinnung von Gästedaten
	Unterstützung des Destination Management	Schaffung eines Marketing-Netzwerks	Kooperative Investition in Technologie und Infrastrukturen
	Erhöhung des regionalen Zusammengehörig-keitsgefühls	Schaffung von Synergieeffekten	Kontinuierliche Qualitätskontrolle und -verbesserung
		Schaffung von Partnerschaften	

3. Arten von Gästekarten

Je nach den gewünschten Nutzer- und Anbietergruppen sowie den Zielen der touristischen Gästekarte können sich Gästekarten beispielsweise unterteilen lassen in All-inclusive-Cards, Rabatt Cards und Kauf Cards. Diese Aufteilung stellt zur besseren Erklärung den Versuch einer Unterscheidung dar; sie ist keinesfalls trennscharf. In der Praxis treten vorwiegend Mischformen auf. So können beispielsweise Rabatt Cards auch Kauf Cards sein und Kauf Cards sowie All-inclusive-Cards auch rabattierte Leistungsbausteine enthalten.

In den folgenden Ausführungen zur näheren Erläuterung der Kartenarten, welche auf eigenen Recherchen basieren, wird im Zuge des Einsatzes der Gästekarte eines Reisegebietes immer von einer Kombination aus Übernachtungs-, Freizeitangeboten und ggf. Transportdienstleistungen (ÖPNV) ausgegangen. Andere Angebotsbündelungen und die Ausprägung von Kundenkarten im Handel sind möglich, werden aber an dieser Stelle nicht weiter berücksichtigt.

---

1 Quelle: Eigene Darstellung, u. a. in Anlehnung an Pechlaner/Zehrer 2005, 23

All-inclusive-Cards

Ohne direkt ersichtliche Kosten für den Gast gewährt eine All-inclusive-Gästekarte, sofern der Gast in den teilnehmenden Beherbergungsbetrieben nächtigt, freien Eintritt in die teilnehmenden Freizeiteinrichtungen und ggf. kostenfreie Fahrt auf allen Strecken des teilnehmenden ÖPNV. Die Beherbergungsbetriebe entrichten dafür pro Übernachtung ihrer Gäste ein gewisses Entgelt an das System, welches entsprechend umlageverteilt, nach Abzug von Marketing-, Entwicklungs- und Administrationskosten, an die tatsächlich durch den Gast genutzten Freizeiteinrichtungen zurückfließt. Technisch ist eine All-inclusive-Card meistens als Karte mit z. B. QR- und/oder Barcode, laufender Nummer oder RFID-Chip mit verbundener Online-Registrierungssoftware angelegt.

Diese Kartenform ist für Gäste höchst attraktiv, jedoch mit einigen Nachteilen für die teilnehmenden Betriebe verbunden: Den wenigsten Leistungsträgern ist bewusst, dass bei einer höheren Nutzungsrate der Karte die jeweiligen Anteile für die Leistungsträger geringer werden, d. h. die Karte finanziert sich vor allem über die Nicht-Nutzer. Außerdem ist das System mit Anschaffungskosten für die technischen Geräte verbunden. Auch die Größe der Destination und die räumliche Verteilung der Einrichtungen im Reisegebiet erschweren unter Umständen die Umsetzbarkeit und Akzeptanz der Karte.

Rabatt Cards

Während All-inclusive-Cards freien Eintritt zu Freizeitangeboten bieten, wird den Gästen bei Rabatt-Karten nur ein (Mindest-)Rabatt (z. B. 20%) auf die regulären Eintrittspreise eingeräumt. Dafür zahlen die Gäste entweder einen gewissen Betrag oder aber die Betriebe, welche die Karte ausgeben, entrichten einen Obolus in einen zentralen Topf und der Gast erhält die Card kostenneutral. Es erfolgt keine Umlageverteilung auf die genutzten Freizeitbetriebe; die Abrechnung findet nur mit den teilnehmenden Vertriebsstellen statt. Der eingenommene Betrag wird für das Management der Karte und für das Marketing verwendet. Für die Gewährung des Rabattes muss der Gast bei Eintritt in die Freizeiteinrichtung die meist in Papierform vorliegende Karte vorzeigen. Die Rabatt Card kann auch mit dem ÖPNV/Verkehrsverbund gekoppelt sein.

Rabatt Cards sind vergleichsweise kostengünstig umzusetzen. Ein weiterer Vorteil liegt in der Flexibilität der Karte und einer klaren, unkomplizierten Abrechnung. Durch die relativ große Zuzahlung von Seiten des Gastes weist die Rabatt Card jedoch eine geringere Attraktivität als die All-inclusive-Card auf. Der Markt ist außerdem als weitestgehend gesättigt anzusehen, da dieses Angebot bereits in vielen Städten und Reisegebieten Deutschlands vorgehalten wird.

Kauf Cards

Diese Papier- oder Chip-Karte gewährt entweder Rabatte auf den Eintritt oder gänzlich kostenlosen Einlass in die teilnehmenden Freizeiteinrichtungen und ist meist mit dem ÖPNV/Verkehrsverbund der Region gekoppelt. Gegen einen gewissen Betrag verkaufen die Beherbergungsbetriebe, die Tourist-Informationen und weitere Vertriebsstellen der Region die Kauf Card an den Gast. Es kann eine Umlageverteilung auf die genutzten Freizeitangebote erfolgen. Der Gast muss wissen, dass es die Karte gibt, er muss sich aktiv für den Kauf entscheiden und er muss sie bei einer Vertriebsstelle kaufen; dies erfordert gewisse Marketingressourcen (gilt auch für die Rabatt Cards). Diese Hürden entfallen bei einer All-inclusive-Card, da der Gast bei diesem Modell die Gästekarte automatisch beim Check-in in den teilnehmenden Beherbergungsbetrieben erhält (vgl. Feustel 2012, o. S.).

Rabatt Cards und Kauf Cards können von Tages- und Übernachtungsgästen gekauft werden, sie sind durch ihren Preis jedoch in geringerem Maße attraktiv für den Touristen als All-inclusive-Cards.

Die wesentlichen Vor- und Nachteile der jeweiligen Karten werden in folgender Tabelle noch einmal zusammengefasst:

Tabelle 1: Wesentliche Vor- und Nachteile von verschiedenen Gästekarten-Modellen[2]

Karte	Vorteile	Nachteile
All-inclusive-Card	- Scheinbar kostenlose Karte, daher hohe Attraktivität für den Gast - Registrierung der genutzten Angebote, daher hoher Nutzen für die regionale, touristische Marktforschung - Höhere Identifizierung der Leistungsträger mit ihrer Region und „ihrer Karte", verstärkte interne Kommunikation - Verstärkte Außenkommunikation an die Gäste, verbunden mit einer Imagesteigerung des Reisegebietes - Angebotstransparenz	- Keine verbindliche Kosten-Einnahme-Planung - Finanzierung über Nicht-Nutzer - Keine Ansprache von Tagesgästen - Geringe Flexibilität - Hohe Anschaffungs- und Pflegekosten - Schwierige Umsetzung bei großen Regionen und weit verteilten Partnerbetrieben

---

2   Quelle: Eigene Darstellung

Karte	Vorteile	Nachteile
Rabatt Card	- Ansprache von Tages- und Übernachtungsgästen möglich - Kostengünstige Umsetzung - Höhere Akzeptanz bei den Leistungsträgern - Einfache, klare Abwicklung - Flexibilität	- Geringere Attraktivität für Gäste - Eingeschränkter Nutzen für die Marktforschung - Produkt hebt sich nicht ab - Marketingressourcen erforderlich
Kauf Card	- Ansprache von Tages- und Übernachtungsgästen möglich - Einfache, klare Abwicklung	- Geringere Attraktivität für Gäste - Produkt hebt sich nicht ab - Marketingressourcen erforderlich

4. Kooperative Notwendigkeiten bei Einführung einer Gästekarte

Vor dem Hintergrund knapper werdender Ressourcen, eines ausgeprägten Wettbewerbes und einer Vielzahl an zu erbringenden Leistungen stehen die touristischen Organisationen vor Herausforderungen, die ohne verstärkte Kooperations-anstrengungen schwer oder gar nicht zu managen sind. Neben einer entsprechenden Anpassung der Organisationsstrukturen, sind auch die Produkte einer Destination zu bündeln und auf die Gästebedürfnisse und -wünsche auszurichten.

Die erfolgreiche Realisierung einer Gästekarte und ihre Vermarktung sind ein Beispiel für ein Kooperationsprodukt eines Reisegebietes. Dabei nimmt die Gästekarte die Funktion einer integrierenden Angebots- und Marketingplattform ein. Im Vorfeld, aber auch während des Betriebs einer Gästekarte, ist die enge Zusammenarbeit verschiedener Leistungsträger gefordert. Die Entwicklung der letzten Jahre zeigt grundsätzlich eine erhöhte Kooperationsbereitschaft der Leistungsträger, bezogen auf die generelle Vernetzung in der Region als auch bezogen auf einzelne Marketingaktivitäten. Die sogenannte „coopetition-Strategie", eine Mischung aus Konkurrenz- und Kooperationsdenken, nimmt einen immer wichtigeren Stellenwert ein. (vgl. Laux 2012, 14)

Auch kleine und mittlere Tourismusunternehmen haben jedoch zwischenzeitlich erkannt, dass ihr individueller Unternehmenserfolg auch davon abhängt, wie geschlossen sich ihre Destination am Markt präsentiert. Laux/Soller (2012, 31ff) sehen darüber hinaus viele weitere Kooperationsvorteile:

- Gemeinsamer Anstoß von Entwicklungen, gemeinsame Problemlösungen und Realisierung von Projekten
- Erweiterung des Handlungsspielraumes kleinerer Unternehmen

- Schaffung von Synergieeffekten
- Risikosenkung für das einzelne Unternehmen
- Erleichterter Zugang zu Ressourcen
- Ausbau individueller Kernkompetenzen
- Gezielte Marktbearbeitung und -erschließung

Bei der Umsetzung einer touristischen Gästekarte muss konsequent gegen die Gründe und Hemmschwellen argumentiert werden, die aus Sicht der Leistungsträger gegen Kooperationen sprechen können (vgl. Laux/Soller 2012, 31ff; Eisenstein 2012, 66ff)[3], wie beispielsweise:

- Furcht vor Verlust unternehmerischer Unabhängigkeit
- Furcht vor Verlust von Wettbewerbsvorteilen aufgrund geteilter Kompetenzen
- Vorbehalte hinsichtlich der Weitergabe betriebsinterner Informationen
- Fehlen geeigneter Kooperationspartner
- Image von Kooperationen als lediglich zeitaufwändige Gremienarbeit
- Asymmetrische Kompetenzwahrnehmung
- Trittbrettfahrertum
- Mangelnde Kenntnisse des Marktes und mangelnde Qualifikationen

Herausforderungen *vor* Einführung einer Gästekarte

Bereits bei der Planung einer Gästekarte sollten möglichst viele (zukünftige) Anspruchsgruppen beteiligt werden. Flächenmäßig große Regionen, mitunter stark ausgeprägte Stadt-Land-Unterschiede, vor allem aber die unterschiedlich strukturierten Leistungsträger einer Destination erschweren eine breite Akzeptanz der Maßnahme und damit eine hohe Teilnahmebereitschaft der Leistungsträger.

Auch die Konzeption eines Kartenmodells, welches den individuellen Anforderungen und Entwicklungszielen der Destination genügt, sowie eine nachhaltige Finanzierung zählen zu den größten Herausforderungen bei der Realisierung einer Gästekarte. Allein mit der Aussicht auf eine Intensivierung der internen Kooperation und Vernetzung innerhalb der Destination werden sich privatwirtschaftliche Leistungsträger nicht an derartigen Großprojekten wie einer Gästekarte beteiligen. Sie müssen einen realen Mehrwert durch die Teilnahme erkennen und erreichen können. Im Bereich einer Destination Card wird dieser Mehrwert v. a. in der Gewinnung neuer und zahlreicherer Gäste und in einem Vorteil durch die mit der Gästekarte verbundenen Marketingmaßnahmen liegen.

---

3 Zum Thema „Hemmschwellen" siehe auch den Beitrag von Eisenstein/Koch in diesem Band.

Herausforderungen *während des Betriebs* einer Gästekarte

Eine Gästekarte schafft Schnittstellen zwischen den Leistungsträgern einer Destination. Schnittstellen sind meist mit einer gewissen Arbeitsteilung, damit aber auch wechselseitigen Abhängigkeiten verbunden. Aufgrund divergierender Unternehmensmerkmale (z. B. Wissen, Kompetenzen, Unternehmensgröße, Gästestrukturen und regionaler Einfluss) können sich Machtungleichgewichte bilden, die die Fairness von Entscheidungen und Verhandlungsprozessen im Rahmen einer Gästekarte potenziell gefährden. Die Verantwortlichen – das Kartenmanagement – müssen diplomatisch und ausgleichend wirken, um die Interessen aller Leistungsträger auszubalancieren und die Zufriedenheit der Teilnehmer dauerhaft zu erhöhen. Schnittstellen bringen Transaktionskosten für den Informationsfluss und -austausch mit sich, erfordern eine kontinuierliche Abstimmung und sind somit „ein organisatorisches und strukturelles Problemfeld" (Laux 2012, 21). Ein entsprechendes Schnittstellen-Management ist sowohl vor der tatsächlichen Umsetzung einer Gästekarte als auch während ihres laufenden Betriebes zu gewährleisten. Das Kartenmanagement muss permanent Informationsflüsse steuern. Immanent für die langfristige Akzeptanz der Gästekarte ist eine kontinuierliche Qualitäts- und Erfolgsmessung sowie -kontrolle.

Abb. 2: Phasen des Schnittstellenmanagements[4] und damit verbundene Kooperationsherausforderungen bei der Realisierung einer Gästekarte

---

4 Vgl. Laux 2012, 22

Die größte Herausforderung bleibt es jedoch, zwischen allen an einer Gästekarte beteiligten Leistungsträgern und Akteuren eine tiefgreifende und beständige Vertrauensbasis, eine offene Gesprächskultur und ein gemeinsames Problembewusstsein für die Weiterentwicklung der Destination allgemein und der Gästekarte im Speziellen zu schaffen. Ein erster Schritt hierfür ist oftmals zunächst das persönliche Kennenlernen.

5. Gästekarte GrimmHeimat NordHessen

5.1 Vorstellung der Region

Die GrimmHeimat NordHessen umfasst als Dachmarke eine Region im Norden des Bundeslandes Hessen – zwischen dem Weserbergland im Norden, dem Sauerland im Westen, der Vogelsberg-Region und der Rhön im Süden sowie dem Thüringer Wald im Osten. Bezugnehmend auf die Märchenwelt der Gebrüder Grimm haben die einzelnen Ferienregionen ihr Angebot „märchenhaft" gestaltet und werden unter der gemeinsamen touristischen Dachmarke „GrimmHeimat NordHessen" vermarktet. Die folgende Grafik zeigt einen Überblick über die Destination.

Abb. 3: Lage der GrimmHeimat NordHessen[5]

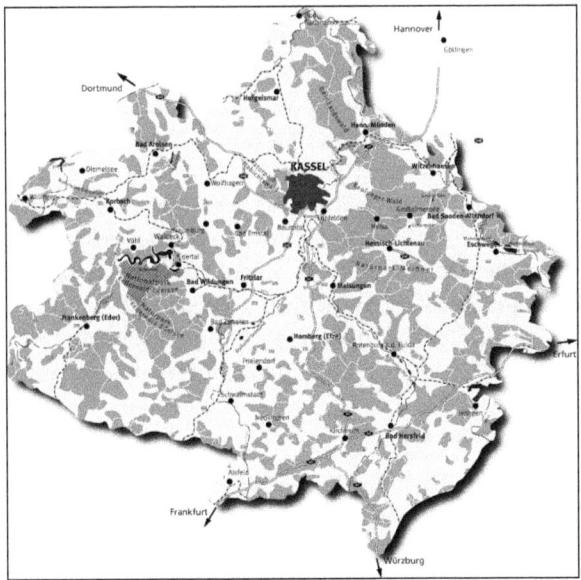

---

5 Bildquelle: Regionalmanagement Nordhessen GmbH

Basierend auf der natur- und kulturräumlichen Ausstattung der Region und den vorhandenen touristischen Infrastrukturen liegen die Schwerpunktthemen der Destination auf dem Erholungs- und Aktivtourismus, dem naturnahen Tourismus, Kultur, Wellness, Fitness und Gesundheit. Sowohl Senioren und Kultur- bzw. Städtereisende als auch Familien mit eher kleinen Kindern, Aktivurlauber, Erholungssuchende und Naturinteressierte werden als Hauptzielgruppen beworben. Die zahlreichen Kurorte des Reisegebietes haben sich auf Gesundheitstouristen spezialisiert.

5.2 Kartenkonzeption

Geboren aus den Notwendigkeiten, sich von der Konkurrenz abzugrenzen, neue Gäste zu gewinnen und Stammgäste zu binden, entstand die Idee einer Gästekarte für die GrimmHeimat NordHessen. Die Gästekarte wurde im April 2013 nach etwa 2-jähriger Vorbereitungszeit eingeführt und MeineCardPlus genannt. Sie ist eine umlagefinanzierte All-inclusive-Card für privatreisende Übernachtungsgäste. Geschäftsreisende sind demnach vom Gebrauch der Karte ausgenommen. Beim Einchecken in den etwa 110 teilnehmenden Beherbergungsbetrieben[6] (die pro Gast pro Übernachtung einen gewissen Geldbetrag in einen zentralen Fonds zahlen müssen) erhalten alle Übernachtungsgäste des jeweiligen freiwillig teilnehmenden Beherbergungsbetriebs kostenfrei die Karte und können damit über 70 Freizeiteinrichtungen im Großraum Nordhessen sowie den öffentlichen Personennahverkehr im Bereich des NVV (Nordhessischer Verkehrsverbund) gebührenfrei nutzen.[7] Unter anderem mittels eines Barcodes und einer Kartenwölbung, welche haptisch wahrnehmbar ist, ist die hochwertige Pappkarte vor Missbrauch geschützt. Die Gültigkeit beginnt beim Einchecken am Tag der Anreise und verfällt automatisch um 24 Uhr am Tag der Abreise des Gastes. Zu den teilnehmenden Freizeiteinrichtungen zählen beispielsweise Bergbahnen, Bäder, Tierparke, Schlösser und Museen. Nur wenige Gästekartensysteme in Deutschland arbeiten nach dem hier angewandten konsequenten Prinzip, dass bei kostenfreiem Erhalt der Karte gleichzeitig kostenloser Eintritt in die teilnehmenden Einrichtungen ermöglicht wird.

5.2.1 Ausgestaltung der Karte

Bei der inhaltlichen und strukturellen Ausgestaltung einer Gästekarte müssen folgende Dimensionen betrachtet werden (vgl. Rüffer 2005, 68):

---

6   Stand: August 2014
7   http://www.tourismuspartner-grimmheimat.de/de/meinecard-die-all-in; http://www.nordhessen.de/de/die-gaestekarte-meinecardplus-kommt

Abb. 4: *Strategische Bereiche für die Realisierung von Destination Card Systemen*[8]

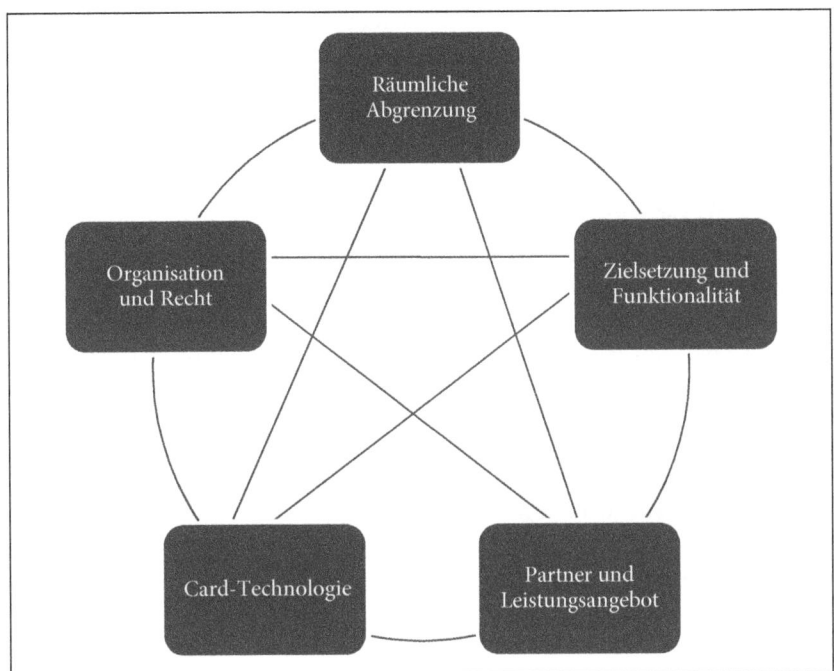

Räumliche Abgrenzung

Vorgesehen war die flächendeckende Einbeziehung von Leistungsträgern in der gesamten GrimmHeimat NordHessen. Beherbergungsbetriebe, Attraktionen und Freizeiteinrichtungen außerhalb des Reisegebietes werden vorerst nicht in die Gästekarte inkludiert, jedoch ist dies durchaus eine Entwicklungsoption für die Zukunft. Durch die Absage der Teilnahme einzelner touristischer Highlights der GrimmHeimat NordHessen oder die starke Fokussierung einzelner Orte und Beherbergungsbetriebe auf Geschäftsreisende mussten bei der tatsächlichen Realisierung der Gästekarte jedoch Abstriche bei der räumlichen Abgrenzung gemacht werden: Teilräume der Gesamtdestination sind nicht über Leistungsträger in der Gästekarte vertreten.

---

8 Quelle: Eigene Darstellung nach Rüffer 2005, 68

Zielsetzung und Funktionalität

Primär soll die Gästekarte der GrimmHeimat NordHessen eine Pauschal- und Bonuskarte zur Umsatzsteigerung in der Region darstellen. Es wird aber auch die Entwicklung auf eine höhere Ebene als „Service- und Kundenbindungssystem" angestrebt. Die Erfassung und Auswertung von Kundendaten über die Kartennutzung kann die zukünftige Angebotsgestaltung und -optimierung unterstützen. Auch eine Themen- und Zielgruppenfokussierung wird in Zukunft nicht ausgeschlossen. Prinzipiell soll die Gästekarte flexibel und ausbaufähig angelegt sein. Die Kooperation der touristischen Leistungsträger untereinander wird durch eine funktionierende Gästekarte stabilisiert und gestärkt.

Im Rahmen einer Machbarkeitsstudie, welche der Umsetzung der Gästekarte GrimmHeimat NordHessen vorausging, wurden folgende Projektziele definiert:

- Erhöhter Ausstrahlungseffekt für die GrimmHeimat NordHessen im Außenmarketing
- Innenmarketinginstrument zur Regionsverknüpfung
- Etablierung der Dachmarke GrimmHeimat
- Hohe Attraktivität der Gästekarte/Mehrwert für die Gäste
- Eigenständige finanzielle Tragfähigkeit der Gästekarte inkl. Budget für das Kartenmarketing
- Erhöhung der Gästezahlen von Übernachtungs- als auch von Tagesgästen
- Neue Zielgruppenansprache sowie Schaffung eines reiseauslösenden Moments

Ein positiver Imagetransfer wird insofern angestrebt, als dass das Einzelunternehmen durch die Zusammenarbeit im Rahmen der Gästekarte seine eigene Position durch das Image der Destinationsmarke „GrimmHeimat NordHessen" stärken kann.

Auswahl der Partner und des Leistungsangebotes

Durch die MeineCardPlus der GrimmHeimat NordHessen werden Beherbergungsangebote und Freizeiteinrichtungen bzw. Attraktionen (Sehenswürdigkeiten, Bäder, Tierparks, Museen etc.) der Region miteinander verknüpft. Über diese Kombination touristischer Kernleistungen hinaus ist auch der öffentliche Personennahverkehr (Netz des Nordhessischen Verkehrsverbundes NVV) Bestandteil des Leistungspaketes der Gästekarte. Sämtliche Busse und Bahnen des NVV können von den Übernachtungsgästen aus den teilnehmenden Beherbergungsbetrieben in der GrimmHeimat NordHessen kostenlos genutzt werden. Die touristischen Managementeinheiten der GrimmHeimat NordHessen (Destination Management Organisation, Touristische Arbeitsgemeinschaften, Ortsebene) wirken bei der Partnerakquise, beim Vertrieb und beim Marketing abgestimmt mit.

Die Karte stellt demnach ein Kooperationsprodukt zwischen Unternehmen verschiedener Stufen der touristischen Wertschöpfungskette (vertikale Kooperation) als auch zwischen Unternehmen der gleichen Branche (horizontale Kooperation) dar. Die Marketing-Kooperation auf der Grundlage von Kooperationsvereinbarungen bezieht öffentliche und private Partner ein.

Card- Technologie
Bei der Konzipierung der Systemarchitektur und des Hintergrundsystems kann zwischen Online- und Offline-Systemen unterschieden werden. Bei Verwendung von Onlinesystemen sind alle Daten, z. B. aufgebuchte Leistungsinhalte, Abrechnungen etc., in einem Hintergrundsystem gespeichert. Der Kartenchip enthält ausschließlich die erforderlichen Informationen für die Identifikationskontrolle. Die Konzeption eines Gästekarten-Offline-Systems wiederum sieht vor, dass alle Informationen direkt auf dem Kartenchip enthalten sind und nur Daten für die interne Verwendung in einem Hintergrundsystem gepflegt werden.

Bei der hier vorgestellten Gästekarte handelt es sich um ein reines OnlineSystem des Kartenanbieters AVS. Es erfolgen keine lokalen Installationen oder Updates, alles wird online gemanagt, analysiert, abgerechnet und erledigt. Prinzipiell ist entscheidend, dass die Technik der Gästekarte der regionalen und spezifischen Zielsetzung und Strategie folgen muss, niemals umgekehrt (vgl. Rüffer 2005, 74). Dies wurde bei MeineCardPlus gewährleistet.

Organisation und Recht
Für den Betrieb einer Gästekarte sind ausreichende Ressourcen und Qualifikationen erforderlich. Aus diesem Grund wurde in Nordhessen eine zentrale Koordinierungsstelle für das gesamte Kartenmanagement bei der Regionalmanagement Nordhessen GmbH in Kassel eingerichtet. Alle strategischen und operativen Aufgaben werden dort von einem „Kümmerer" wahrgenommen. Zudem werden auch Marketingaufgaben für die MeineCardPlus von der Koordinierungsstelle durchgeführt. Auf der Grundlage von Gesprächen, Meetings, Kooperationsvereinbarungen und Abstimmungen, welche den Kooperationsprozess ohne hohen bürokratischen Aufwand begleiten und zudem die Möglichkeit bieten, eine große Anzahl von Partnern einzubeziehen, wurden teilnahmebereite Leistungsträger und unterschiedlichste Akteure eingebunden.

5.2.2 Finanzierung

Nach Abwägung aller Rahmenbedingungen, regionaler Besonderheiten und der Vor- und Nachteile der marktüblichen Kartenmodelle haben sich die

Verantwortlichen der Region NordHessen auch unter der Betrachtung der finanziellen Aspekte für die Einführung einer All-inclusive-Card entschieden. Damit hat die GrimmHeimat NordHessen eine strategische Entscheidung gegen den allgemeinen, schon vor einigen Jahren konzertierten Trend getroffen: Kostenlose Karten rücken in den Hintergrund, weil Partnerbetriebe aus finanziellen Gründen meist nur Neben- statt Kernleistungen integrieren oder nur unbeträchtliche Ermäßigungen gewährleisten. Insofern fällt die Attraktivität einer kostenlosen Karte meist gegenüber den zu bezahlenden Karten ab (vgl. Pechlaner/Zehrer 2005, 21).

Einer nachhaltigen Finanzierung der Gästekarte kommt herausragende Bedeutung für deren Zukunftsfähigkeit zu. Im Rahmen der Machbarkeitsstudie vor Einführung der Gästekarte wurden auch Wirtschaftlichkeitsberechnungen durchgeführt. Die finanzielle Machbarkeit ist nur bei der Einbindung von mind. 75 Freizeiteinrichtungen und ausreichend attraktiven Beherbergungsbetrieben mit entsprechenden Kapazitäten (Betten) gegeben, insofern stellen diese Teilnehmerzahlen die Zielvorgabe für die gesamte Destination dar.

Die Beherbergungsbetriebe zahlen je Übernachtung ihrer Gäste 2,90 EUR (Erwachsene) bzw. 2,20 EUR (Kinder) zzgl. MwSt. in einen Finanzierungsfonds ein. Da die meisten Beherbergungen diese Summe auf den Zimmerpreis aufschlagen, zahlt de facto der Gast – unbemerkt – den Beitrag. Problematischer ist die Umlage des Betrags auf den Preis einer Ferienwohnung, da sich in einer Einheit häufig 2 Personen und mehr aufhalten und dies den Preis der Ferienwohnung deutlich steigert. Zudem sind Gäste von Ferienwohnungen eher preissensibel. Nichtsdestotrotz stellen Ferienwohnungs- und -hausanbieter etwa die Hälfte der teilnehmenden Partnerbetriebe.

Darüber hinaus sind lediglich ein Internetzugang und ein handelsüblicher Drucker zum Ausdrucken der Gästekarte Voraussetzung, um an dem Destination Card System teilzunehmen. Der Mehrwert für den Gast ist hoch und ein starkes Verkaufsargument für die Unterkünfte, die an der Gästekarte GrimmHeimat NordHessen teilnehmen. Die Finanzierungsbeiträge der All-inclusive-Übernachtungskarte fließen dem Finanzierungsfonds zu, aus welchem die anteiligen Eintrittsgelder der Freizeitbetriebe, die Kosten zur Nutzung des ÖPNV, die zentrale Managementeinheit, die Marketingkampagne, das internetbasierte Kartenmanagement und weitere Kosten finanziert werden.

Die Partner-Freizeiteinrichtungen verpflichten sich zu folgenden Konditionen: Dem Gast stehen die Freizeiteinrichtungen kostenfrei zur Verfügung. Angestrebt wird, dass bis zu 60% der Eintrittsgelder aus dem Finanzierungsfonds der All-inclusive-Card erstattet werden. Zudem müssen teilnahmebereite Freizeiteinrichtungen über einen Internetzugang verfügen und sich ein Kartenlesegerät zu etwa 90 EUR zzgl. MwSt. zulegen. Ein höheres Besucheraufkommen in den

Partnerbetrieben, Marketingeffekte durch die Kampagnen-Werbung und höhere Einnahmen durch Nebenausgaben u.a. im Gastronomie-, Shop- und Merchandising-Bereich sollen die Mindereinnahmen für die Freizeiteinrichtungen mindestens ausgleichen.

Teilnehmende Beherbergungsbetriebe verpflichten sich also pro tatsächlich getätigter Übernachtung (ohne Geschäftsreisende) einen pauschalen Betrag zu entrichten. Die Freizeiteinrichtungen verpflichten sich zu einer nachfrageorientierten Abrechnung. Sie gewähren dem Gast mit der Gästekarte vorerst freien Eintritt/freie Nutzung. Mit Hilfe eines Barcode-Scanners oder mittels der Eingabe der Kartennummer in das Abrechnungssystem werden die Besuche des Gastes registriert. Daraus wird in der Clearing-Stelle der Umlageanteil für die jeweils besuchten Freizeiteinrichtungen ermittelt. Die Abrechnung erfolgt monatlich.

Das Kartenmodell der Gästekarte GrimmHeimat NordHessen wird nachfolgend zusammenfassend dargestellt.

Abb. 5: Kartenmodell der Gästekarte GrimmHeimat NordHessen[9]

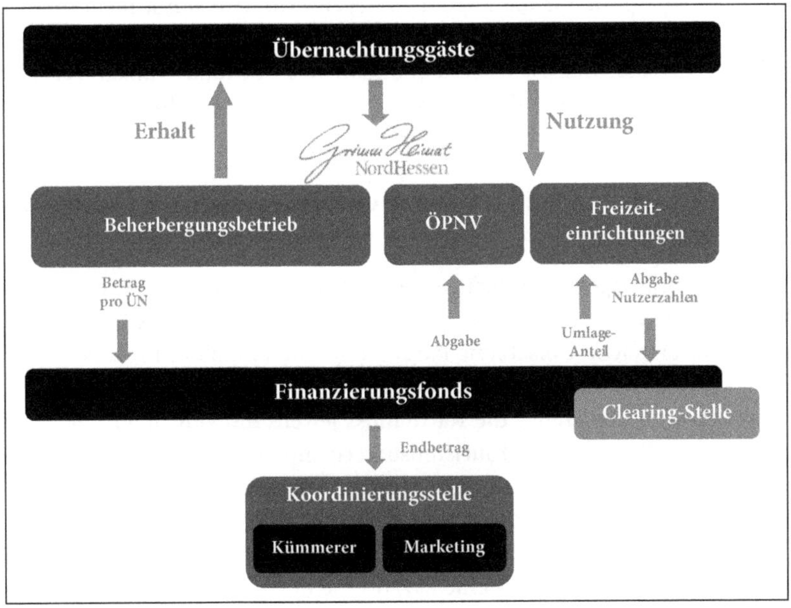

---

9 Quelle: Eigene Darstellung

Eine ebenfalls benutzerorientierte Abrechnung mit dem öffentlichen Personennahverkehr war nicht realistisch, da in diesem Fall in jedem Bus und jeder Bahn des NVV ein Scanner hätte installiert werden müssen. Aus dieser Überlegung heraus erfolgte eine Einigung auf eine Pauschale. Die Finanzierung der Gästekarte soll zukünftig zudem über Sponsoring regional ansässiger Firmen unterstützt werden. Sofern ein inhaltlicher Bezug zur MeineCardPlus besteht, kann dieses Finanzierungs- und Marketinginstrument wirkungsvoll greifen.

Wie aus den Zielen, die zu Anfang des Artikels dargelegt wurden, ersichtlich ist, sollten auch mehr Tagesgäste durch die MeineCardPlus in der GrimmHeimat NordHessen generiert werden. Es wurde der Ansatz gewählt, parallel zur Etablierung der Card als All-inclusiv-Card, eine All-inclusiv-24-Stunden-Kauf-Card einzuführen. Der Kaufpreis für einen Erwachsenen wurde auf 19,90 EUR inkl. MwSt. festgelegt. Die enthaltenen Leistungen, das Abrechnungssystem etc. entsprechen der Card für Übernachtungsgäste. Die Nutzungszeit startet mit der Inanspruchnahme einer ersten Leistung und endet automatisch nach 24 Stunden. Diese Card Variante wurde bereits innerhalb des ersten Jahres eingestellt. Das Ziel, mehr Tagesgäste für die Region zu begeistern, wird somit nicht mehr mit MeineCardPlus verfolgt. Der ausschlaggebende Grund für die Einstellung der Card für Tagesgäste war das insgesamt ungünstige Aufwand-Nutzen-Verhältnis, da die All-inclusiv-24-Stunden-Kauf-Card als zu teuer empfunden wurde und die Nachfrage dementsprechend gering war.

5.3 Innenmarketing und Kooperationsprozesse bei der Umsetzung der Gästekarte

Wie aus den bisherigen Ausführungen ersichtlich, sind die Entscheidung für eine Gästekarte, die Konzeption eines passenden Gästekarten-Modells und die tatsächliche erfolgreiche Umsetzung langwierige und komplexe Prozesse. Es wäre ein Fehler, die in anderen Destinationen erfolgreichen Destination Cards ohne Anpassungen zu kopieren – die Karte muss jeweils individuell auf die Region, deren Ziele, Bedürfnisse und Tourismusunternehmen zugeschnitten werden. Das Hauptaugenmerk liegt auf einer für den Gast attraktiven Gestaltung der Karte. Er muss einen spürbaren Nutzen und Mehrwert durch die Karte erfahren und er muss auch übersichtlich und klar über diesen Nutzen informiert werden. Um die Gästekarte jedoch auch als eine akzeptierte und „neutrale Integrationsplattform" (Rüffer 2005, 67) für die einzelnen touristischen Leistungsträger einer Destination nutzen zu können, mit deren Hilfe sich die Kooperationsbereitschaft und -fähigkeit aller Beteiligten steigert, müssen kontinuierlich koordinierende und kooperative Innenmarketingaktivitäten gestartet werden. Diese langfristigen (und langwierigen) Prozesse setzen zeitlich bereits bei der Modellfindung für eine Gästekarte an und begleiten die Einführung und operative Umsetzung der Karte permanent. Im Folgenden werden Projekterfahrungen bei der Gästekarte der GrimmHeimat NordHessen hinsichtlich des Themas Beteiligungsprozesse, Innenmarketing und Kooperation dargestellt.

5.3.1 Entwicklungsprozess/Modellfindung

Nachdem die Idee einer gemeinsamen Gästekarte gefestigt war, hat sich die Regionalmanagement Nordhessen GmbH 2010 entschlossen, eine Machbarkeitsstudie zur Konzeption eines geeigneten Umsetzungsvorschlages an externe Berater auszuschreiben. Die Machbarkeitsstudie wurde zwischen Februar und Juni 2011 erarbeitet und umfasste neben einer Situationsanalyse auch Wirtschaftlichkeitsberechnungen, eine Nutzwertanalyse der verschiedenen möglichen Kartenmodelle und eine erste Marketingmaßnahmenplanung. Letztendlich wurden ein Modell entwickelt sowie die zugehörige Organisation und Finanzierung geklärt.

Bereits während der Erarbeitung der Machbarkeitsstudie wurde erhöhter Wert auf eine Beteiligung relevanter Unternehmen und Interessensgruppen gelegt:

- Die Machbarkeitsstudie wurde organisatorisch durch eine Lenkungsgruppe begleitet, die sich neben dem Auftraggeber aus Repräsentanten der einzelnen touristischen Arbeitsgemeinschaften der Region GrimmHeimat NordHessen und des Nordhessischen Verkehrsverbundes zusammensetzte.
- Während der Situationsanalyse fanden leitfadengestützte Expertengespräche mit Vertretern von Beherbergungsbetrieben, Freizeiteinrichtungen, Verbänden/Vereinen – also potenziellen Leistungsträgern – den Lenkungsgruppenmitgliedern sowie Verantwortlichen bereits bestehender Gästekarten der Region und positiven überregionalen Marktbeispielen statt.
- Ein wichtiger Baustein der Machbarkeitsstudie waren Workshops mit Beherbergungsbetrieben und Freizeiteinrichtungen der Region. Neben der gemeinsamen Diskussion von Vor- und Nachteilen der Kartenmodelle und einer Erwartungsabfrage wurde bereits auch ein erstes Mal unverbindlich die Teilnahmebereitschaft der anwesenden Betriebe am geplanten Destination Card System geprüft.

Besonders die persönlich- bzw. telefonisch-mündlichen Expertengespräche haben sich als eine gute und praktische Methode erwiesen, regionale Entwicklungstendenzen und Stimmungen abzubilden sowie die Akzeptanz späterer Umsetzungsmaßnahmen zu steigern. Im Vorfeld der Karteneinführung sollte daher generell ein Meinungsbild von den zukünftigen Leistungsträgern einer Karte (große

Beherbergungsbetriebe, Freizeiteinrichtungen) eingeholt werden. Auch die Erwartungen an eine mögliche Gästekarte sollten abgefragt werden; womöglich ergeben sich daraus neue Ideen und Handlungsansätze, welche bei der Kartenkonzeption zu berücksichtigen sind. Soweit vorhanden, ist auch die reibungslose Einbindung bereits in der Region bestehender Gästekarten entscheidend.

Auch Erfolge und Schwierigkeiten anderer Kartenmodelle lassen sich im persönlichen Gespräch erläutern und dienen dazu, Fehler zu vermeiden. Eine enge Abstimmungs- und Koordinationsnotwendigkeit besteht zwischen dem Kartenmanagement und dem Kartenanbieter. Letzterer muss die regionalen Besonderheiten und Erfordernisse des Gästekartenmodells technisch umsetzen.

Die Entscheidung in der GrimmHeimat NordHessen ist zugunsten der All-inclusive-Card ausgefallen. Damit hat sich die Destination für das attraktivste Kartenmodell für ihre Gäste ausgesprochen und die möglicherweise geringere Akzeptanz durch die regionalen Leistungsträger bewusst in Kauf genommen. Entsprechend dieses großen Risikos wurden frühzeitig weitere und umfassende Innenmarketingmaßnahmen forciert.[10]

5.3.2 Herausforderungen bei der Implementierung der Gästekarte

Mit der Größe des geplanten Einzugsgebietes der Gästekarte GrimmHeimat NordHessen waren erhebliche Schwierigkeiten verbunden: Die Schaffung einer flächendeckenden Präsenz der MeineCardPlus war im Endergebnis nicht möglich. Teils aus finanziellen Gründen, teils durch eine von den zukünftigen Kartennutzern abweichende Gästestruktur (Geschäftsreisende) haben sich Teilgebiete der Gästekarte nicht angeschlossen.

Generell lag die größte Herausforderung darin, genügend Partnerbetriebe zu einer Teilnahme an der Gästekarte zu motivieren. Eine Mindestteilnehmerzahl von Beherbergungsbetrieben und Freizeiteinrichtungen mit entsprechender Qualität und Größe war hier die Voraussetzung, um die wirtschaftliche Umsetzbarkeit der Gästekarte GrimmHeimat NordHessen überhaupt gewährleisten zu können. Darüberhinaus müssen hier letztendlich innenpolitische Entscheidungen getroffen werden, welche Stakeholder für den Erfolg der geplanten Marketingmaßnahme maßgeblich und unersetzlich sind und welche nicht. Eine entsprechende Analyse der Anspruchsgruppen hinsichtlich ihres Vertrautheits-, Abhängigkeits-, Einfluss- und Interventionsgrades in der Destination wird empfohlen (vgl. Laux 2012, 24ff).

---

10 Im Übrigen haben die Leistungsträger selbst in den Beteiligungsworkshops anhand der Fakten über die jeweiligen Kartenmodelle jeweils mehrheitlich für das attraktivste Produkt aus Gästesicht abgestimmt.

Die Hemmschwellen der potenziellen Teilnehmer lagen vor allem im Respekt vor einem komplett neuen Marketinginstrument, für welches es keine Vorerfahrungen gab. Über tatsächliche Kartenverkäufe, -nutzungen und damit Erlöse können den Partnerbetrieben im Vorfeld keine verlässlichen Aussagen getätigt werden, insofern setzt sich jeder einzelne Partnerbetrieb mit der Teilnahmeentscheidung einem finanziellen Risiko aus. Ängste und Emotionen begleiten naturgemäß derartig finanziell riskante Entscheidungen.

Neben der Abfrage der Teilnahmebereitschaft im Rahmen der Workshops wurde bereits anderthalb Jahre vor der tatsächlichen Einführung der Gästekarte ein „Letter of Intent" an die Beherbergungsbetriebe und Freizeiteinrichtungen der Region versandt. Die konkrete Beschreibung der immateriellen und finanziellen individuellen Vorteile des einzelnen Betriebes bei einer Teilnahme an der Gästekarte stand im Mittelpunkt des Schreibens. Auch wurden Beherbergungsbetrieben, die sich durch Unterschreiben der Kooperationsvereinbarung frühzeitig an der Gästekarte beteiligen, finanzielle Vorteile gewährt. Sie haben für die erste Laufzeit des Vertrages einen geringeren Betrag pro Übernachtung und Gast zu zahlen als die „Spätentschlossenen".

Der persönliche Kontakt des Regionalmanagements Nordhessen zu den einzelnen Leistungsträgern war die mit Abstand erfolgreichste Maßnahme zur Verstärkung der Resonanz auf die Gästekarte. Darüber hinaus blieben auch während der Akquisephase unterschiedliche externe Personen beteiligt. Die Akteure haben den Dialog zusätzlich initiiert, moderiert und auch persönliche Motivationsgespräche geführt. Weitere Maßnahmen zur Förderung der Kooperationsbereitschaft waren u. a.:

- Vorstellung der Ergebnisse der Machbarkeitsstudie auf verschiedensten touristischen (Groß-)Veranstaltungen aller unterschiedlichen Anspruchsgruppen
- Pressegespräche und Pressemitteilungen zur Erhöhung des Bekanntheitsgrades der Gästekarte in der Region und zur Akzeptanzsteigerung
- Durchführung von „Motivations-/Akquise-Veranstaltungen" in der gesamten Region mit speziellem Bezug auf positive Erfahrungen der Leistungsträger anderer Destinationen mit Gästekarten (Einladung der Betriebe auf die Veranstaltungen) und Herausstellung der individuellen Vorteile für die Betriebe
- Gestaltung begleitender Kommunikations- und Informationsmedien (Akquiseflyer, Internetseite, Social Media etc.)

Die Akzeptanz der Gästekarte GrimmHeimat NordHessen nach innen wurde des Weiteren durch eine Regionalisierung des Kartennamens stark gesteigert. Die Nutzung der Dachmarke GrimmHeimat NordHessen hat sich – auch aufgrund der Weitläufigkeit der Region – bei den Leistungsträgern noch nicht überall durchgesetzt. Sie fokussieren sich weiterhin auf ihre jeweilige Unterregion, die durch die touristischen Arbeitsgemeinschaften repräsentiert wird. Auch das Wir-Gefühl ist auf dieser kleinräumigeren Ebene wesentlich stärker ausgeprägt. Insofern erfuhr der Name „MeineCardPlus" je nach touristischer Arbeitsgemeinschaft der Destination eine Anpassung (Bsp.: „MeineCardPlusWillingen").

5.3.3 Innenmarketingmaßnahmen im laufenden Betrieb der Gästekarte

Innenmarketingprozesse, insbesondere den Informationsaustausch betreffend, müssen auch während des Betriebes einer Gästekarte stabil aufrechterhalten werden. Nur darüber lässt sich die Zufriedenheit der teilnehmenden Betriebe als interner Erfolgsgradmesser einer Gästekarte ermitteln. Aus Betriebsbefragungen, regelmäßigen Diskussions- und Arbeitsgruppentreffen oder auch auf Basis von persönlichen Kontakten können Rückschlüsse für notwendige Anpassungen der Prozesse oder Rahmenbedingungen der Gästekarte gezogen werden.

2014 wurde in der GrimmHeimat NordHessen ein destinationsweites Kennzahlensystem eingeführt. Die Erfolgsmessung der Gästekarte anhand verschiedener interner und externer Indikatoren – also nicht nur anhand der Verkaufszahlen – ist in dieses System integriert.

Weitere kooperative und koordinative Maßnahmen während des Betriebs einer Gästekarte sind beispielsweise folgende:

- Marktforschungsaktivitäten, z. B. Leistungsträgerbefragungen
- Offene und regelmäßige Kommunikation der Zahlen, Daten und Fakten
- Informationsaustausch und Diskussionen auf verschiedenen Ebenen
- Partnertreffen auf subregionaler Ebene
- Übergreifend organisierte Schulungs- und Weiterbildungsangebote für die Mitarbeiter der teilnehmenden Betriebe, u. a. zur Einbindung der Karte in das eigene Marketing
- Aktionsorientierte Arbeitsgruppen
- Gemeinsame Marketingaktivitäten (vertikal, horizontal und lateral)
- Gemeinsame SocialMedia-Aktivitäten
- Beratungsangebote der Managementeinheit
- Regelmäßiger B2B-Newsletter
- Externe Begleitung und Evaluation

Die folgende Abbildung gibt wichtige Maßnahmen zur Steigerung der Kooperationsbereitschaft im Zusammenhang mit der Realisierung einer Gästekarte zusammenfassend wieder.

Abb. 6: *Kooperative und koordinative Prozesse und Maßnahmen bei der Realisierung einer Gästekarte*[11]

5.4 Erfolgsbilanz nach einem Jahr

Die Gästekarte MeineCardPlus der GrimmHeimat NordHessen wurde am 01. April 2013 eingeführt und ist zum Zeitpunkt der Evaluation ein Jahr auf dem Markt. Eine Erfolgsbeurteilung ist daher nur sehr vorsichtig vorzunehmen.

Prinzipiell verläuft das Projekt zufriedenstellend: Gäste reagieren sehr positiv auf die MeineCardPlus, dementsprechend ist auch die Anzahl der ausgegebenen Karten im Vergleich zum Einführungsjahr deutlich gestiegen. Einzig der öffentliche Personennahverkehr in den ländlichen Gebieten Nordhessens wird von Gästeseite mitunter bemängelt. Dies liegt an der ungünstigen Anbindung (Fahrt- und Taktzeiten) einiger Freizeiteinrichtungen.

Die Teilnehmerzahl bei den Beherbergungsbetrieben hat sich von 70 bei Einführung der Gästekarte auf mittlerweile etwa 110 (Stand 2014) erhöht. Eine aktive

---

11 Quelle: Eigene Darstellung

Ansprache von Leistungsträgern, welche mit ihren Leistungen das Gesamtprodukt MeineCardPlus attraktivieren würden, bleibt notwendig. In den Teilgebieten der Region, in welcher die Gästekarte seit 2013 erfolgreich eingesetzt wurde, melden sich interessierte Betriebe jedoch inzwischen auch aus eigenem Antrieb, um an dem Destination Card System partizipieren zu können. Dies kann als Erfolg der Gästekarte gewertet werden. Grundsätzlich kommen die Leistungsträger gut mit dem onlinegestützten Kartensystem zurecht.

Innerhalb der bisherigen kurzen Laufzeit der Karte mussten jedoch bereits auch erste strategische Anpassungen des Systems erfolgen: Die Karte für Tagesgäste wurde nach großen Absatzschwierigkeiten und auch zur Stützung der Akzeptanz der Übernachtungsgästekarte bei den Beherbergungsbetrieben abgeschafft. Zur finanziellen Absicherung wurde auch die angestrebte mögliche Rückvergütung der Eintrittspreise der Freizeiteinrichtungen von 60% auf 50% gesenkt.

Als Gesamtfazit ist positiv hervorzuheben, dass die Regionalmanagement Nordhessen GmbH mit der Umsetzung des vorgestellten Kartenmodells einen hohen Grad an Innovationsbereitschaft gezeigt hat. Auch entgegen des allgemeinen Trends bei Kartenmodellen in Destination wurde hier eine strategische Entscheidung getroffen und umgesetzt, die die Angebotslandschaft der Region grundlegend beeinflusst. Die Verbesserung der Kooperationsfähigkeit der touristischen Akteure hat zum erfolgreichen Betrieb der Gästekarte beigetragen. Die Gästekarte GrimmHeimat NordHessen hat zukünftig das Potenzial, den Bekanntheitsgrad ihrer Dachmarke erheblich zu steigern.

6. Erfolgsfaktoren für die Realisierung einer Gästekarte

Zahlreiche Studien und Erfahrungen von Gästekartenmodellen im deutschsprachigen Raum weisen auf wesentliche Erfolgsfaktoren für Destination Cards hin. Trotzdem hat in diesem Bereich im Deutschland-Tourismus längst eine Marktbereinigung eingesetzt: Auch zwischenzeitlich sehr erfolgreiche Gästekarten konnten sich teilweise nicht langfristig am Markt etablieren, z. B. die Ostseecard oder Engadincard (vgl. Gessl o. J., 4). Insofern ist den nachfolgenden Erfolgsfaktoren, die der entsprechenden Literatur zu entnehmen sind bzw. auf eigenen Erfahrungen aufbauen und sich sowohl auf die inhaltliche Ausgestaltung der Gästekarte als auch die zugehörigen Kooperationsprozesse beziehen, bei der Realisierung eines derartigen Destination-Card-Systems hohes Gewicht einzuräumen.

Erfolgsfaktoren der Karten- und Systemgestaltung

Folgende Erfolgsfaktoren sind zu beachten[12]:
- Konsequente Ausrichtung am Kundennutzen
- Bündelung und Vermarktung der Angebote einer Region im Sinne einer Dienstleistungskette und für gemeinsame themenorientierte Zielgruppen sowie Lebensstil- bzw. Lebensphasengruppen
- Gewinnung von einer genügenden Anzahl an teilnehmenden und kooperationsgeeigneten Betrieben und Akteuren auf unterschiedlichsten Ebenen
- Inkludierung des ÖPNV
- Zentrale Koordinierung der Konzeption durch eine starke Tourismusorganisation/Aufbau einer leistungsfähigen Betreiberorganisation, Einsatz eines Kartenmanagers
- Ausstattung mit adäquatem Marketingbudget
- Einsatz und Anpassung der Technik nach individuellen regionalen Erfordernissen und Zielen
- Regelmäßige und professionelle Controlling- sowie Evaluierungsprozesse
- Umfassende Kommunikation, regelmäßige Treffen, Meetings und Infoveranstaltungen
- Sicherung einer dauerhaften finanziellen Tragfähigkeit, auch unabhängig von wenigen starken Partnern oder Fördergeldern
- Umfassende kooperative Aktivitäten und Aktionen

Erfolgsfaktoren bei Kooperation und Koordination[13]

Das Bewusstsein aller Beteiligten für die gemeinsamen Ziele der touristischen Entwicklung, welche durch die Einführung einer Gästekarte unterstützt werden können, stellt die grundlegende Basis für eine erfolgreiche Umsetzung einer Destination Card dar. Die Möglichkeit eines gegenseitigen positiven Imagetransfers und eine grundsätzliche Win-Win-Situation aller Akteure sollten zwingend gegeben sein, um die notwendige Akzeptanz in der Region zu fördern. Während der Systementwicklung, -einführung und des Kartenbetriebs muss kontinuierlich Überzeugungsarbeit geleistet werden.

Die wesentliche Voraussetzung für das Funktionieren einer Gästekarte ist die Gewinnung wirtschaftlich ausreichender, marktfähiger und v.a. auch für den Gast attraktivster Leistungsträger der Region. Die Akquise der Partnerbetriebe kann

---

12 Eigene Zusammenstellung, u.a. vgl. auch Rüffer 2005, 75ff; irs-consult 2009; Gessl o. J., 2ff
13 Vgl. auch Rüffer 2005, 75ff; Laux 2012, 22ff.

als zeitaufwendigster Part des gesamten Projektes angesehen werden. Auch im Zeitalter der Technik und der SocialMedia-Netzwerke nimmt für diese sensiblen Gespräche und Verhandlungen der persönliche Kontakt den wichtigsten Stellenwert als vertrauensbildende Maßnahme ein. Entsprechende zeitliche, personelle und finanzielle Ressourcen sind in Projekten zur Realisierung einer Gästekarte deshalb in ausreichendem Maße einzuplanen. Multiplikatoren und Meinungsbildner eignen sich gut zur Streuung der Karteninformationen in der Region, da über diese persönlichen Kontakte die individuellen Ängste und Hemmschwellen der Leistungsträger wirkungsvoll abgebaut werden können.

Alle Beteiligten müssen über die technologischen und organisatorischen Qualifikationen für den Betrieb des Kartensystems verfügen. Für eine langfristige Bindung der Leistungsträger an die Gästekarte und an die Destination bietet sich der Einsatz wirkungsvoller Austrittsbarrieren an.

Außerdem muss die begleitende Information, Kommunikation und Öffentlichkeitsarbeit für eine Gästekarte – intern und extern – eine angemessene Wirkungskraft haben. Eine permanente Erfolgskontrolle u. a. durch Rückmeldung der Leistungsträger und eine gemeinsame Auseinandersetzung mit bestimmten Themen ist unabdingbar.

„Kooperationen funktionieren nur in dem Maße, wie die involvierten Akteure persönlich miteinander arbeiten können, einander vertrauen und in der Lage sind, privatwirtschaftliche Konkurrenz produktiv zu überwinden." (Laux 2012, 27)

Leider gibt es auch für die erfolgreiche Realisierung einer Gästekarte keine optimale Vorgehensweise. Werden jedoch alle kritischen Erfolgsfaktoren beachtet, die spezifischen Bedürfnisse der Region und ihrer Unternehmen in die Konzeption einbezogen, frühzeitige Beteiligungs- und Kooperationsprozesse in Gang gesetzt und von kontinuierlicher Information und Kommunikation begleitet, so stehen die Chancen gut, dass das Marketingvorhaben langfristig erfolgreich ist.

Literaturverzeichnis

Bieger, T. (2008): *Management von Destinationen*. 7. Auflage.

Dettmer, H. u.a. (Hrsg.) (2005): *Managementformen im Tourismus*.

Dreyer, A./Wieczorek, M./Lachmann, J. (2005): Cross-Marketing – Neue Wege für Destinationen. In: Pechlaner, H./Zehrer, A. (Hrsg.) (2005): *Destination-Card-Systeme*. 29-45. Schriftenreihe Management und Unternehmenskultur. Band 1.

Eisenstein, B. (2012): *Aktuelle Entwicklungen und Herausforderungen des Ruhr-Tourismus. Präsentation auf dem IHK-Symposium zu Chancen und Perspektiven des Ruhr-Tourismus*. Essen 21.07.2012.

Feustel, K. A. (2012): *Destination Cards – von Ladenhütern und Kassenschlagern* [online] http://www.netzvitamine.de/blog/destination-cards-von-ladenhuetern-kassenschlagern.html [Zugriff am 14.04.2014].

Gessl, C. (o.J.): *Destination Guest Card Systems.* Präsentationsfolien [online] http://www.congress.lviv.ua [Zugriff am 27.01.2014].

irs-consult (2009): *Metropolregion Nürnberg – Eine Freizeitkarte für Einheimische und Touristen.* Präsentationsfolien [online]. http://www.region-bayreuth.de/Dox.aspx?docid=95956847-5650-4b81-b073-49217af73c67 [Zugriff am 27.01.2014].

Pechlaner, H./Zehrer, A. (2005): Zur Rolle und Bedeutung der Cards in Destinationen – ein Überblick. In: Pechlaner, H./Zehrer, A. (Hrsg.) (2005): *Destination-Card-Systeme.* 15-27. Schriftenreihe Management und Unternehmenskultur. Band 11.

Pechlaner, H./Zehrer, A. (Hrsg.) (2005): *Destination-Card-Systeme.* Schriftenreihe Management und Unternehmenskultur. Band 11.

Laux, S. (2012): Destinationen im globalen Wettbewerb – Kooperationsbildung als primäre Aufgabe eines zukunftsweisenden Destinationsmanagements. In: Söller, J. (Hrsg.): (2012): *Erfolgsfaktor Kooperation im Tourismus – Wettbewerbsvorteile durch effektives Stakeholdermanagement.* 13-26.

Laux, S./Soller, J. (2012): Kooperationsbildung als Erfolgsstrategie für touristische Unternehmen. In: Soller, J. (Hrsg.) (2012): *Erfolgsfaktor Kooperation im Tourismus – Wettbewerbsvorteile durch effektives Stakeholdermanagement.* 29-53.

Regionalmanagement NordHessen GmbH [online]: Partnerinformationen zur MeineCardPlus http://www.tourismuspartner-grimmheimat.de/de/meine-card-die-all-in; [Zugriff am 09.04.2014]

Regionalmanagement NordHessen GmbH [online]: Allgemeine Informationen zur Gästekarte http://www.nordhessen.de/de/die-gaestekarte-meinecardplus-kommt; http://www.meinecardplus.nordhessen.de/de/index, [Zugriff am 09.04.2014],

Regionalmanagement NordHessen GmbH [online]: Pressemitteilung vom 21.02.2013 unter http://www.meinecardplus.nordhessen.de/de/gaestekarte-3; [Zugriff am 09.04.2014]

Rüffer, P. (2005): Strategische Entwicklung von Destination Cards. In: Pechlaner, H./Zehrer, A. (Hrsg.) (2005): *Destination-Card-Systeme.* 65-78. Schriftenreihe Management und Unternehmenskultur. Band 11.

Soller, J. (Hrsg.) (2012): *Erfolgsfaktor Kooperation im Tourismus – Wettbewerbsvorteile durch effektives Stakeholdermanagement.*

Alle Informationen, die speziell die Gästekarte GrimmHeimatNordHessen betreffen, wurden dem Autor im Rahmen der Machbarkeitsstudie 2011 (inspektour GmbH) und weiteren persönlichen Gesprächen von der Regionalmanagement Nordhessen GmbH zur Verfügung gestellt oder in den Informationsmedien der Regionalmanagement Nordhessen GmbH recherchiert.

Manfred Dörr und Stefan Wemhoener

Kooperationen von kleinen und mittleren Städten: Die Vereinigung Cittaslow am Beispiel der Stadt Deidesheim

1. Einleitung

Im globalen Wettbewerb werden eine nachhaltige Tourismusentwicklung, erfolgreiche Profilierung und die Generierung lokaler bzw. regionaler Alleinstellungsmerkmale nicht nur für Metropolen, sondern auch für kleinere und mittlere Städte immer wichtiger, um Wettbewerbsvorteile zu erzielen. Ein Weg, dem steigenden Konkurrenzdruck zu begegnen, bietet die Profilierung über Netzwerke und Kooperationen. Kooperationsmanagement wird in Zukunft eine entscheidende Rolle im Wettbewerb der Destinationen spielen und die Kooperationsfähigkeit wird zum entscheidenden Erfolgsfaktor für Destinationen werden (vgl. Eisenstein 2014, 133; Scherhag 2007, 361). Durch eine kooperative Vermarktung können Destinationen auf dem globalen, dynamischen Markt in Zukunft ausreichend Aufmerksamkeit erreichen, Innovationen umsetzen, steigenden Gästeerwartungen entsprechen und eine nachhaltige Tourismusentwicklung erreichen (vgl. Laux 2012, 14).

Ein Beispiel für internationale Städtekooperationen ist die Vereinigung der lebenswerten Städte „Cittaslow". Ausgehend von der Slow Food Bewegung, wurde die Cittaslow-Vereinigung 1999 in Italien gegründet. Während viele städteplanerische und innovationsorientierte Ansätze häufig auf Metropolregionen und Weltstädte fokussieren, setzt das Cittaslow-Netzwerk bewusst auf kleine und mittlere Städte. Alle 192 Partnerstädte in 30 Ländern[1] haben nicht mehr als 50.000 Einwohner (vgl. Cittaslow 2014). Im Rahmen dieses Artikels wird am Beispiel der Stadt Deidesheim aufgezeigt, welche Ideen, Ziele und Maßnahmen mit einer Mitgliedschaft im Cittaslow-Netzwerk verbunden sind und wie die Netzwerk-Ziele in der Stadt- und Tourismusplanung vor Ort umgesetzt werden können.

---

1 Stand November 2014

2. Cittaslow – Vereinigung der lebenswerten Städte

Ursprung und Idee

Die Cittaslow-Vereinigung ist eine internationale Bewegung, die auf Grundlage der Agenda 21 durch eine nachhaltige und behutsame Stadtentwicklung mehr Lebensqualität erreichen will. Der Name „Cittaslow" bedeutet wörtlich übersetzt „langsame Stadt" und setzt sich aus dem italienischen „città" (= Stadt) und dem englischen „slow" (= langsam) zusammen. Die Cittaslow-Bewegung wurde 1999 in der italienischen Stadt Orvieto von den Bürgermeistern einiger aktiver italienischer Slow Food Städte ins Leben gerufen. Während Slow Food vor allem die Suche nach Lebensqualität am Geschmack und der Qualität der Lebensmittel umfasst, werden die Grundwerte bei Cittaslow um weitere wesentliche Elemente erweitert (vgl. Cittaslow 2015a). Das Konzept des Cittaslow-Netzwerkes steht für Qualität und Nachhaltigkeit, die Inwertsetzung lokaler Identität und lokaler Strukturen, Natur- und Landschaftserhaltung, sowie für lokales Engagement und die Begegnung im öffentlichen Raum (vgl. BMVBS 2013, 44-45).

Mehr als die Hälfte der Cittaslow-Städte befindet sich auch heute noch in Italien (z.B. Positano an der Amalfiküste, Bra im Piemont, Greve im Chianti, Orvieto in Umbrien). Hersbruck in Mittelfranken wurde 2001 als erste deutsche Stadt in das Cittaslow-Netzwerk aufgenommen. Es folgten Waldkirch, Schwarzenbruck, Überlingen, Marihn (heute Penzlin), Lüdinghausen, Wirsberg, Nördlingen, Deidesheim und anschließend Bad Schussenried, Bischofsheim, Blieskastel und Berching. Weltweit gehören unter anderem Partnerstädte in Australien, China, Frankreich, Großbritannien, Kanada, Neuseeland, Norwegen, Polen, Südafrika, Südkorea, der Türkei und in den USA zum Cittaslow-Netzwerk (vgl. Cittaslow 2014).

Bewusstes Erleben durch Entschleunigung

Die wachsende Komplexität, zunehmende Beschleunigung, mediale und technische Übersättigung, Konsumüberangebote und der Verlust von vertrauten Strukturen führen zu neuen Bedürfnissen in der Freizeit und im Tourismus. So suchen Touristen heute im Urlaub oftmals nach Reduktion, Entschleunigung, Entspannung, Ursprünglichkeit, Natur und Tradition (vgl. Leder 2013, 22; Leder 2007, 125). Bei einer Untersuchung des Instituts für Management und Tourismus der Fachhochschule Westküste im Jahr 2011 gaben 32% der Befragten an, dass der Trend der Entschleunigung bzw. Langsamkeit im Urlaub für sie eine sehr wichtige oder wichtige Rolle im Urlaub spielt (vgl. Koch et al. 2011, 47). Entsprechende Angebote können diese Bedürfnisse gezielt ansprechen (vgl. Leder 2007, 128).

Der Trend des „Slow Tourism" spiegelt diese Bedürfnisse und die Reisemotive wie Langsamkeit, Entschleunigung, Nachhaltigkeit, Regionalität, wohlfühlen und entspannen, Balance und Sinnhaftigkeit wider (vgl. Antz 2011, 30). Slow Tourism steht für eine intensivere Form des Reisens und des Erlebens. Es geht darum, sich bewusst Zeit zu nehmen, um die Destinationen, Attraktionen und Aktivitäten intensiv und ohne Zeitdruck zu erleben (vgl. Lumbsdon/Grath 2010, 265; Dickenson/Lumsdon 2010, 88). Slow Tourism kann somit auch als Gegenbewegung zu immer schnellerem Tourismuskonsum verstanden werden (vgl. Yurtseven/Kaya 2011, 91; Dickinson et al. 2011, 282). Der Reisende soll die Umgebung mit allen fünf Sinnen wahrnehmen, bewusst erleben und betrachten (vgl. Yurtseven/Kaya 2011, 91).

Ziele des Netzwerkes

Kooperationen eignen sich als Ansatz für ein zukunftsorientiertes Destinationsmanagement insbesondere dadurch, dass sie die Eigenständigkeit der beteiligten Akteure gewährleisten und gleichzeitig gemeinsame Interessen unterstützen (vgl. Saretzki 2007, 288). Die gemeinsamen Interessen und Ziele des Cittaslow-Netzwerkes umfassen u.a. die Bewahrung und Weiterentwicklung der lokalen Identität und Unverwechselbarkeit, die Förderung der endogenen Potenziale und lokalen Talente für eine nachhaltige Orts- und Stadtentwicklung und die Verbesserung der Lebensqualität vor Ort (vgl. BMVBS 2013, 11). Alle Cittaslow-Partnerstädte verpflichten sich, die Ziele durch geeignete Maßnahmen vor Ort umzusetzen. Qualitätsvereinbarungen und Kriterien dienen der Evaluation der umgesetzten Maßnahmen und lassen dennoch Raum für individuelle Ansätze und eigene Profilbildung (vgl. BMVBS 2013, 51). Dies spiegelt sich deutlich in der Cittaslow-Charta wider:

> Die Entwicklung der Städte und Gemeinden stützt sich unter anderem auf die Fähigkeit, eine eigene, typische Besonderheit entwickelt zu haben und diese zu vertreten, eine eigene Identität zu wahren, die auch nach außen hin erkennbar ist und im inneren Kern gelebt wird (Cittaslow 2015b).

Die folgende Tabelle zeigt die Cittaslow-Ziele im Überblick.

Tabelle 1: Ziele von Cittaslow[2]

Nachhaltige Umweltpolitik	Typische Kulturlandschaft
• Innovative Technologien • Schonung der Ressourcen • Regionalverträgliche Konzepte	• Vielfalt • Eigenart • Schönheit

---

2 Eigene Darstellung nach Cittaslow 2015a.

Charakteristische Stadtstruktur	Regionaltypische Produkte
• Stadterneuerung • Zukunftsorientierte Flächenerschließung • Stadtgeschichte als Entwicklungspotenzial	• Traditionelle Herstellung • Natürliche Produktion • Kurze Wege
Gastfreundschaft	**Regionale Märkte**
• Qualitätsorientierte Gastronomie • Städtepartnerschaften • Weltoffenheit und Herzlichkeit	• Direktvermarkter • Wochenmärkte • Regionale Wirtschaftskreisläufe
Kultur und Traditionen	**Bewusstseinsbildung**
• Wahrung von regionalen Besonderheiten • Förderung von Veranstaltungen • Kulturelle Einrichtungen	• Information • Geschmacks- und Sinnesschulung • Regionale Identität

Durch die Bewusstwerdung und Nutzung individueller städtischer Potenziale bietet das Cittaslow-Netzwerk die Möglichkeit zur gezielten Wettbewerbspositionierung. Der Cittaslow-Ansatz kann einen Beitrag leisten, um die örtlichen Kulturen, Traditionen und den individuellen Charakter vor Ort zu bewahren und zu fördern sowie nachhaltige Entwicklung und regionale Wertschöpfung zu sichern (vgl. BMVBS 2013, 7). Die handlungsweisenden Themen und Aktivitäten können gerade für kleinere Städte mit begrenzten personellen und finanziellen Ressourcen als Leitlinie dienen und Impulse für eine innovative und zukunftsorientierte Stadtentwicklung auslösen (vgl. BMVBS 2013, 43). Durch die Herausstellung und Förderung lokaler Besonderheiten können die Partnerstädte ein eigenes Profil entwickeln, Marktnischen erobern, vor Ort Arbeitsplätze schaffen und die Attraktivität für Bürgerinnen und Bürger, Gewerbetreibende und Gäste steigern (vgl. BMVBS 2013, 5 & 43; Brittner/Huhn 2010, 239ff.).

Das Cittaslow-Netzwerk fokussiert nicht ausschließlich auf Tourismus oder Destinationsmarketing. Durch positive Auswirkungen auf die Destinationsentwicklung und durch Branding im Sinne von qualitativ hochwertigem Slow Tourism können dennoch vielfältige positive Auswirkungen im Tourismus entstehen (vgl. Yurtseven/Kaya 2011, 93-94). Das Netzwerk bietet für kleinere Städte die Möglichkeit, im globalen Wettbewerb wahrgenommen zu werden, und kann als Mittel im Destination Branding eingesetzt werden, um sich von Mitbewerbern zu unterscheiden (vgl. Korkmaz et al. 2014, 5). Die Herausstellung von Traditionen und lokaler Kultur entspricht auch der gestiegenen

Erwartung nach einzigartigen und authentischen Urlaubserlebnissen (vgl. Dodds 2012, 82). Die Maßnahmen zur Entschleunigung können im Wettbewerb im Sinne von Diversität und Opportunitäten zusätzliche Ressourcen darstellen (vgl. Wöhler 2011, 186). Durch die individuelle Ausrichtung von Maßnahmen zur Erreichung der Cittaslow-Ziele und die damit verbundene unterschiedliche Interpretation von der Umsetzung des Slow-Gedankens entsteht darüber hinaus eine Einzigartigkeit und ein besonderer „sense of place" (vgl. Lowry 2011, 4-5).

3. Umsetzung des Cittaslow-Ansatzes am Beispiel der Stadt Deidesheim

3.1 Ausgangslage

Deidesheim wurde erstmals im Jahr 699 erwähnt und besitzt seit 1395 Stadtrechte. Die Stadt liegt in einer historisch gewachsenen Weinkulturlandschaft an der Deutschen Weinstraße in Rheinland-Pfalz an der Schnittstelle des Biosphärenreservats Pfälzerwald/Nordvogesen und der Metropolregion Rhein-Neckar. Deidesheim verfügt über ein gut ausgebautes Infrastrukturnetz und eine direkte und schnelle Anbindung an den Ballungsraum Ludwigshafen/Mannheim. Die Einwohnerzahl beträgt ca. 4.000 Personen. Es gibt zwei Schulen, zwei Kindergärten, mehrere Ärzte, Apotheken, Geschäfte, kleine und mittlere Handwerksbetriebe, etliche traditionsreiche Weingüter und Winzerbetriebe, den ältesten Winzerverein der Pfalz, eine vielfältige Gastronomie – von der einfachen Weinstube bis zu Sternerestaurants – mehrere Hotels und andere Beherbergungsbetriebe, ein beheiztes Freibad, Sportanlagen, eine Stadthalle mit Theater- und Konzertprogramm, Künstlerinnen und Künstler, ein Boulevardtheater, betreutes Wohnen und altersgerechten Wohnungsbau, zwei Alten- und Pflegeheime, sowie eine Begegnungsstätte der Generationen und eine Nachbarschaftshilfeeinrichtung. In den letzten Jahren wurden in der Stadt keine neuen Baugebiete entwickelt. Stattdessen galt der Grundsatz „Innenentwicklung vor Außenentwicklung". Als Folge sind kaum Leerstände im Stadtgebiet zu verzeichnen. Weinbau und Tourismus bilden die wesentlichen wirtschaftlichen Standbeine der Stadt. Deidesheim verzeichnet jährlich ca. 130.000 Übernachtungen (vgl. Statistisches Landesamt Rheinland-Pfalz 2014, 22) und nach Schätzungen der Tourist Service GmbH Deidesheim ca. 600.000 Tagesgäste bei rund 800 Gästebetten. Aufgrund der Betriebe im Umfeld, wie beispielsweise BASF in Ludwigshafen, sowie der rund 300 Voll- und 300 Teilzeitarbeitsplätze in der Gastronomie und in der Hotellerie gibt es kaum Arbeitslosigkeit (vgl. Tourist Service GmbH Deidesheim 2013).

3.2 Deidesheims Weg zur Cittaslow

Deidesheims Weg zur Cittaslow begann mit der Suche nach einem umfassenden Leitbild für die Weiterentwicklung des Gemeinwesens. Statt Einzelmaßnahmen durchzuführen, sollte die Entwicklung der Stadt zukünftig auf Basis eines ganzheitlichen Programms mit Fokus auf Nachhaltigkeit und Erhöhung der Lebensqualität umgesetzt werden. Gespräche mit Bürgerinnen und Bürgern und Betrieben brachten die Verantwortlichen auf die Cittaslow-Idee. Schnell wurde deutlich, dass die Grundidee und die Ziele von Cittaslow sehr gut zur gewünschten Stadtentwicklung in Deidesheim passen und dass Deidesheim in vielen Bereichen bereits die Kriterien des Netzwerkes erfüllte.

Als wichtige Vorteile einer Cittaslow-Mitgliedschaft wurden insbesondere der Wissens- und Meinungsaustausch sowie gegenseitiges Lernen angesehen. Die im Cittaslow-Netzwerk vorhandenen Erfahrungen, innovativen Ideen, Projekte und best-practice-Beispiele sollten als wichtige Impulse für eine nachhaltige und bewusste Weiterentwicklung der Stadt Deidesheim genutzt werden, um langfristig den individuellen Charakter der Stadt zu erhalten und die Lebensqualität für Bürgerinnen und Bürger sowie Gäste zu sichern und zu steigern.

Im Dezember 2007 beschloss der Stadtrat die offizielle Bewerbung einzureichen. Die umfangreiche Überprüfung der Kriterien durch Mitglieder von Cittaslow erfolgte im Jahr 2008, wobei festgestellt wurde, dass die Stadt Deidesheim die Ziele und Kriterien über das geforderte Maß hinaus erfüllt. Mit der Unterzeichnung der Partnerschaftsurkunde am 13. Mai 2009 wurde Deidesheim die erste Cittaslow-Stadt in Rheinland-Pfalz und die achte Cittaslow-Stadt in Deutschland.

3.3 Nachhaltige Stadtentwicklung im Sinne des Cittaslow-Gedankens

Ziel aller Entwicklungsmaßnahmen ist eine behutsame Weiterentwicklung der Stadt Deidesheim vor dem Hintergrund der Nachhaltigkeit, der Wirtschaftlichkeit und der sozialen Gerechtigkeit. Das Cittaslow-Konzept dient in diesem Zusammenhang als Leitbild für nachhaltige und bewusste politische Entscheidungen. Die Grundgedanken von Cittaslow passen ebenfalls sehr gut zum touristischen Konzept der Stadt Deidesheim: Weg vom Massentourismus und hin zu einem höherwertigen Individualtourismus (Qualität vor Quantität). „Weltoffen und traditionsbewusst" ist eine wesentliche Leitlinie bei allen touristischen Überlegungen der Stadt. Diese Leitlinie wird auch die zukünftigen Überlegungen in Bezug auf die Weiterentwicklung der Cittaslow-Idee in und um die Urlaubsregion Deidesheim wesentlich prägen.

Im Folgenden sind exemplarisch einzelne Maßnahmen aufgeführt, die im Sinne und gemäß den Zielen bzw. Kriterien von Cittaslow in der Stadt Deidesheim verwirklicht wurden:

a) Nachhaltige Umweltpolitik

Die Stadt Deidesheim ist ein staatlich anerkannter Luftkurort und liegt mit weiten Teilen der Gemarkung im Biosphärenreservat Pfälzerwald-Nordvogesen. Die Erhaltung sowie Verbesserung der Luftqualität wird in Messreihen alle fünf Jahre nachgewiesen. Um die Bürger und Gäste für die besondere Bedeutung der intakten Natur- und Kulturlandschaft zu sensibilisieren, wurde im historischen Rathaus eine interaktive Dauerausstellung zum Biosphärenreservat eingerichtet. Zahlreiche Maßnahmen und Projekte sollen die Umwelt nachhaltig entlasten: z.B. beliefern seit einigen Jahren die Stadtwerke Deidesheim alle Kundinnen und Kunden mit 100% Naturstrom; der über 1800 Hektar große Stadtwald wurde FSC zertifiziert, um eine nachhaltige und umweltfreundliche Waldbewirtschaftung zu garantieren; im ganzen Stadtgebiet wurden Photovoltaikanlagen mit Zuschüssen gefördert; die Sporthalle, die Stadthalle und die Kindergärten wurden energetisch saniert und die Straßenbeleuchtung wird sukzessive mit umweltfreundlichen und energiesparenden Leuchtmitteln versehen. Eine neu eingerichtete kleine Fußgängerzone dient der Reduzierung der verkehrs-bedingten Emissionen. Ein Park- und Verkehrsleitsystem ist in der letzten Planungsphase. Zusammen mit der Gemeinde Niederkirchen hat die Stadt Deidesheim außerdem ein Klimaschutzgutachten in Auftrag gegeben, in dem unter anderem Energiesparpotenziale (integrierte Wärmenutzung) in Haushalten und öffentlichen Gebäuden sowie Möglichkeiten der Erschließung erneuerbarer Energien-Potenziale untersucht werden.

b) Charakteristische Stadtstruktur

In den Jahren 2009-2011 wurden der Marktplatz und die Innenstadt, auch unter der Berücksichtigung der Barrierefreiheit, umgestaltet und saniert. Die Ortsdurchfahrt wurde neu gestaltet und verschiedene Treffpunkte für alle Generationen geschaffen – u.a. auf dem Marktplatz und in einem Erlebnisgarten. An diesem Ort können alle Generationen Sport treiben und an verschiedenen Stationen ihre Sinne schärfen. Beim Caritas-Altenzentrum St. Elisabeth wurde der dortige Spielplatz neu gestaltet und mit Spielgeräten für alle Generationen versehen. Zahlreiche historische Gebäude, insbesondere einige bedeutende Weingüter, konnten in den letzten Jahren mit Hilfe von Investoren behutsam saniert und für die Zukunft gesichert werden. Die klare langfristige Qualitätsausrichtung der Stadt Deidesheim macht das finanzielle Engagement für Investoren besonders interessant.

c) Gastfreundschaft

Die Stadt Deidesheim verfügt inklusive Wald- und Sportgaststätten über rund 40 Gastronomiebetriebe und kann von der einfachen Weinstube bis hin zu Sternerestaurants ein vielfaltiges und qualitätsbewusstes kulinarisches Angebot bieten. Mit Buochs am Vierwaldstättersee in der Schweiz, St. Jean de Boiseau in der Bretagne, Tihany am Plattensee und Bad Klosterlausnitz in Thüringen bestehen Städtepartnerschaften, die von der Stadtverwaltung, aber auch von vielen Privatpersonen und Vereinen lebendig erhalten und gepflegt werden. Den Urlaubsgästen und Touristen stehen neben einer barrierefreien Tourist-Information etliche barrierefreie Betriebe zur Verfügung, die auf die Bedürfnisse von Menschen mit Einschränkungen ausgerichtet sind.

d) Kultur und Traditionen

Kultur und Traditionen haben in Deidesheim einen hohen Stellenwert. So findet beispielsweise seit 1404 jedes Jahr am Pfingstdienstag die Deidesheimer Geißbockversteigerung statt. Die Geißbockversteigerung gilt als eines der ältesten Volksfeste in Deutschland und wurde im SWR-Fernsehen zum originellsten Brauch im süddeutschen Raum gewählt. Am zweiten und dritten Wochenende im August wird Weinkerwe (Kirchweih) gefeiert. Aufgrund seiner klaren Qualitätsausrichtung wurde die Deidesheimer Weinkerwe 2010 von einer unabhängigen Fachjury aus 600 Weinfesten zum schönsten Weinfest der Pfalz gekürt. An den vier Adventwochenenden verwandeln sich Marktplatz und einige Straßen und Gassen in der Innenstadt zu einer „himmlischen Meile", wo es neben den bekannten Pfälzer Spezialitäten auch sehr viel Kunsthandwerk und Angebote für Kinder gibt. In der „Welt am Sonntag" wurde der Deidesheimer Advent als einer der schönsten Weihnachtsmärkte im deutschsprachigen Raum bezeichnet. Weitere Beispiele für kulturelle Veranstaltungen sind z.B. die zahlreichen Konzerte und Theateraufführungen, Atelieröffnungen der einheimischen Künstlerinnen und Künstler, die regelmäßige Ausschreibung einer Turmschreiberin bzw. eines Turmschreibers und ein seit über 10 Jahren stattfindendes, international beachtetes Keramiksymposium, die so genannte „Intonation", bei der Künstlerinnen und Künstlern aus aller Welt ihre Arbeiten ausstellen.

e) Typische Kulturlandschaft

Eine Besonderheit Deidesheims stellt die traditionelle Weinkulturlandschaft dar, vor allem im Westen des Ortes zwischen Stadt und Pfälzerwald. Diese Landschaft wurde stets gepflegt und nie bebaut, was sich positiv auf das Ortsbild, das Kleinklima und auf die Qualität des dort angebauten Weines auswirkt. Gäste können heute aus dem historischen Ortskern direkt in die Weinberge und dann nahtlos in das größte zusammenhängende Waldgebiet Deutschlands, den Pfälzerwald, wandern. Am Kirchenberg in Richtung Forst befinden sich darüber hinaus ein Biotop sowie ein Geotop, an denen der Rheingrabenbruch erkennbar ist. Dies wurde entsprechend dokumentiert und auf Schautafeln für die Besucher dargestellt. Im Rahmen des Biotops, das zum Museum für Weinkultur gehört, wurden ehemalige Weinbergterrassen gesichert, die heute nur von Hand bzw. mit Tieren bewirtschaftet werden. Im Laufe der Zeit drohten viele Sandsteinmauern, die die Weinbergflächen stützen, zu zerfallen. Im Rahmen eines Projektes mit arbeitslosen Menschen konnten, auf Anleitung eines Fachmanns, in den letzten Jahren über vier Kilometer Mauern wieder hergestellt werden. Fast die Hälfte der Arbeitslosen fand über dieses Projekt zudem in den ersten Arbeitsmarkt zurück.

f) Regionaltypische Produkte und regionale Märkte

Für die Stadt Deidesheim ist es wichtig, dass in der Region gentechnikfreies Obst und Gemüse und Weine höchster Qualität produziert werden. Der Weinbau ist in der Region zunehmend ökologisch ausgerichtet, bis hin zum Einsatz von Pferden und dem Vergraben von Kuhhörnern in den Weinbergen. Zahlreiche regionale Gastronomen führen darüber hinaus regionale Produkte auf ihrer Speisekarte. Einige der Deidesheimer Betriebe sind außerdem Mitglied der Slow Food-Vereinigung. Über das ganze Jahr finden verschiedene regionale und saisonale Märkte statt, unter anderem ein Slow Food-Markt und ein Erdbeer- und Spargelmarkt. Der Genuss und der Geschmack regionaler Erzeugnisse stehen auch beim Weinfest und beim Deidesheimer Advent im Mittelpunkt.

g) Bewusstseinsbildung

Ein wichtiger Aspekt der Cittaslow-Idee ist die Schulung des Bewusstseins für regionale Identität und regionale Produkte. In Deidesheim beginnt dies schon im Kindesalter. Ein regelmäßiges Kinderkulturprogramm und ein Kinderbuch mit anschaulichen Geschichten zu den Besonderheiten der Region und Natur erklärt jungen Menschen die Region und lädt dazu ein, die regionalen Besonderheiten zu erkunden. Den Geschmack der regionalen Produkte erfahren Kinder und Jugendliche in Kochkursen unter anderem mit Sterneköchen aus renommierten Betrieben. Darüber hinaus werden in den Kindergärten und Schulen regelmäßig Aktionen zu bewusster Ernährung und zur Gesundheitserziehung angeboten. In der „Deidesheimer Bewusstseins-Werkstatt", die bei der Stiftung Bürgerhospital angesiedelt ist, finden darüber hinaus regelmäßig Veranstaltungen für Einheimische und Gäste statt. Das Angebot reicht von Seminaren zum Thema „Achtsamkeit", über Themen-Wanderungen (u.a. Wanderungen für Menschen mit Einschränkungen) bis hin zu wissenschaftlichen Tagungen.

Ein weiterer wichtiger Punkt ist die Förderung des sozialen Zusammenhalts in der Gemeinschaft. In Deidesheim wird dies u.a. durch die Ergänzung des Pflege- und Betreuungsangebots (z.b. Renovierung des Caritas-Altenzentrums und Weiterentwicklung der seit 1494 bestehenden Stiftung Bürgerhospital) umgesetzt. Außerdem wurden Begegnungsstätten für alle Generationen geschaffen, wie z.b. der barrierefreie Erlebnisgarten im Schlosspark, die Räume des Bürgerhospitals oder der Spielplatz beim Caritas-Altenzentrum. In Kooperation mit der „Alla-Hopp" Stiftung entsteht aktuell ein neuer Generationenpark, der einen attraktiven Treffpunkt für Menschen aller Generationen bilden soll. Darüber hinaus wird eine vorhandene Nachbarschaftshilfe zurzeit neu aufgestellt und weiterentwickelt. Die Stadt Deidesheim gehört außerdem zu den sogenannten „Kristallisationspunkten im barrierefreien Tourismus" in Rheinland-Pfalz. In den letzten Jahren werden schrittweise Projekte umgesetzt, die Gästen aber auch Einheimischen einen barrierefreien Genuss der Stadt möglich machen sollen. Die barrierefreie Tourist-Information, der Erlebnisgarten mit rollstuhlgerechter Toilettenanlage, Hotels mit barrierefreien Zimmern oder eine Gastronomie, die sich auf spezielle Anforderungen von eingeschränkten Gäste einstellt: Deidesheim hat sich auf den Weg zur barrierereduzierten Stadt gemacht.

3.4 Stark durch Vernetzung

Das Cittaslow-Netzwerk bietet auf nationaler und internationaler Ebene die Möglichkeit, sich mit anderen Kommunen auszutauschen und zu kooperieren. Die deutschen Partnerstädte treffen sich mindestens ein- bis zweimal im Jahr zu einem Meinungs- und Erfahrungsaustausch. Bei besonderen Terminen (z.B. bei Stadtfesten) besteht für die Partnerstädte oft die Möglichkeit, sich zu beteiligen oder zu präsentieren.

Auch auf internationaler Ebene erschließen sich durch das Netzwerk interessante Kooperationsmöglichkeiten. Ein Beispiel dafür ist die 2010 geschlossene touristische Kooperation zwischen Deidesheim, Neustadt a.d. Weinstraße in der Pfalz sowie der Region Roero im Piemont in Italien. Die Region Piemont gilt als Ursprungsregion für die Slow Food-Bewegung. Die Regionen Roero und Pfalz weisen große Ähnlichkeiten auf: Die Landschaft ist hügelig, es gibt viele Schlösser und Burgen, Wald, Wein aber auch Obstbau und eine sehr gute Gastronomie, was die von kleinen Orten dominierte Landschaft stark prägt. Die kulturelle Identität der beiden Regionen soll mit Wein und landestypischen Spezialitäten bei verschiedenen Festen und kulturellen Veranstaltungen wechselseitig in der Partnerregion präsentiert werden. Zahlreiche Aktivitäten wurden bereits umgesetzt bzw. sind geplant, z.b. wird es auf den Weihnachtsmärkten in Neustadt und Deidesheim jeweils einen Stand mit Wein, landestypischen Spezialitäten und kunsthandwerklichen Produkten aus dem Roero geben. In der Ausgabe des Magalogs „LebensArt" wird ein Artikel zu Roero erscheinen. In Canale auf dem Fest „Ponte dei sapori" (Brücke des Geschmacks) präsentieren sich Pfälzer Rieslinge aus Neustadt und Deidesheim und auf der internationalen Slow Food-Käsemesse „CHEESE" in Bra, die alle zwei Jahre stattfindet, werden Pfälzer Weine aus Neustadt und Deidesheim präsentiert. Der rege touristische Austausch der beiden Regionen leistete einen Beitrag dazu, dass Italien inzwischen zu den vier größten Quellgebieten ausländischer Gäste in der Region Deidesheim zählt. Eine in Umsetzung befindliche Kooperation mit der italienischen „Prosecco-Weinstraße" soll diesen Trend weiter festigen.

Weitere Kooperationsmöglichkeiten ergeben sich darüber hinaus z.B. durch die stärkere Vernetzung mit der Wissenschaft. Ein Beispiel dafür ist die Kooperation zwischen der Stadt Deidesheim und der Fachhochschule Westküste in Heide, die im Februar 2013 geschlossen wurde. Ziel der Kooperation ist die Bildung eines Netzwerkes zwischen Theorie und Praxis sowie die Förderung des Wissenstransfers der beteiligten Partner. Neben den „Deidesheimer Gesprächen zur Tourismuswissenschaft" bestehen für Studierende der Fachhochschule Möglichkeiten, ihre Abschlussarbeit in Zusammenarbeit mit der Stadt Deidesheim zu schreiben. Deidesheim wiederum profitiert durch die wissenschaftliche Begleitung bei der weiteren Tourismus- und Stadtentwicklung.

4. Fazit

Der Cittaslow-Ansatz bietet ein tragfähiges Konzept im Sinne einer integrierten Stadtentwicklung und die Möglichkeit, den Blick auf vorhandene Potenziale zu lenken und die Lebensqualität eines Ortes in den Mittelpunkt zu stellen (vgl. BMVBS 2013, 51). Das Netzwerk bietet kleineren Städten die Möglichkeit zur Herausstellung und Förderung lokaler Tradition und Kultur, zum Wissens- und Erfahrungsaustausch und zur Positionierung und Wahrnehmung im globalen Markt. In einer Zeit, in der die fortschreitende Globalisierung die Besonderheiten kleinerer Städte und ihre Vitalität zu mindern droht, eröffnet der strategische Ansatz der Cittaslow-Bewegung die Chance, die wichtigen Potenziale kleinerer Städte kritisch zu reflektieren. Wenn Kleinstädte sich auf ihre spezifischen Eigenschaften konzentrieren und ihre Möglichkeiten nutzen, können sie wesentlich dazu beitragen, eine nachhaltige Zukunft zu gestalten.

Quellenverzeichnis

Antz, C. (2011): Slow Tourism: Eine Zukunft des Reisens zwischen Langsamkeit und Sinnlichkeit. In: Antz, C. [Hrsg.] (2011*): Slow Tourism: Reisens zwischen Langsamkeit und Sinnlichkeit*, Schriftenreihe des IMT, Meidenbauer, München, S. 9-39.

BMVBS (Bundesministerium für Verkehr, Bau und Stadtentwicklung) [Hrsg.] (2013): *Lokale Qualitäten, Kriterien und Erfolgsfaktoren nachhaltiger Entwicklung kleiner Städte – Cittaslow*, Berlin.

Brittner-Widmann, A.; Huhn, V. (2010): Das Cittaslow-Konzept – Entschleunigung als Mittel zur Förderung des Städte- und Kulturtourismus. In: Kagermeier, A.; Raab, F. [Hrsg.] (2010): *Wettbewerbsvorteil Kulturtourismus. Innovative Strategien und Produkte*, Schmidt, Berlin, S. 239-253.

Cittaslow (2015a): http://www.cittaslow-deutschland.de/ [online] [letzter Zugriff: 07.03.2015.]

Cittaslow (2015b): http://www.cittaslow-deutschland.de/index.php?charta [online] [letzter Zugriff: 07.03.2015.]

Cittaslow (2014): http://www.cittaslow.org/section/association [online] [letzter Zugriff: 07.03.2015.]

Dickinson, J.; Lumsdon, L. (2010): *Slow Travel and Tourism*, Earthscan Publications Ltd., London-Washington DC.

Dickinson, J.; Lumsdon L.; Robbins, D. (2011): *Slow Travel: Issues for Tourism and Climate Change*, Journal of Sustainable Tourism, Vol. 19, No. 3, Routledge.

Dodds, R. (2012): *Questioning slow as sustainable*, Tourism Recreation Research Vol. 37 (1), 81-83.

Eisenstein, B. (2014): *Grundlagen des Destinationsmanagements*, 2. Auflage, Oldenbourg, München.

Koch, A.; Eisenstein, B.; Eilzer, C: (2011): Reisetrend „Slow Tourism": Ausgewählte empirische Befunde. In: Antz, C. [Hrsg.] (2011): *Slow Tourism: Reisens zwischen Langsamkeit und Sinnlichkeit*, Schriftenreihe des IMT, Meidenbauer, München, S. 41-54.

Korkmaz, H.; Mercan, O.; Atay, L. (2014): *The Role of Cittaslow in Destination Branding: the Case of Seferihisar*, Current Issues of Tourism Research, 1/2014, S. 5-10.

Leder, S. (2013): Muße und Selbstfindung im Urlaub. In: Quack, H.-D.; Klemm, K. [Hrsg.] (2013): *Kulturtourismus zu Beginn des 21. Jahrhunderts*, Oldenburg, München, S. 19-31.

Leder, S. (2006): *Neue Muße im Tourismus – eine Untersuchung von Angeboten mit den Schwerpunkten Selbstfindung und Entschleunigung*, Paderborner geographische Studien zu Tourismusforschung und Destinationsmanagement, Bd 21, Paderborn.

Lowry, L.; Lee, M. (2011): *CittaSlow, Slow Cities, Slow Food: Searching for a Model for the Development of Slow Tourism, Travel & Tourism Research Association*, 42nd Annual Conference Proceedings: Seeing the Forest and the Trees – Big Picture Research in a Detail- Driven World, June 19-21, 2011, University of Massachusetts. London, Ontario, Canada. London, Verfügbar unter: http://works.bepress.com/lowry_linda/3.

Lumsdon, L.; McGrath, P. (2010): *Developing a Conceptual Framework for Slow Travel: a Grounded Theory Approach*, Journal of Sustainable Tourism, Vol. 19, No. 3, April 2011, Routledge. S. 265–279.

Saretzki, A. (2007): Touristische Netzwerke als Chance und Herausforderung. In: Egger, R.; Herdin, T. [Hrsg.] (2007): *Tourismus - Herausforderung - Zukunft*. LIT. Wien. S. 275-293.

Scherhag, K. (2007): Kooperationen im Destinationsmanagement als Basis einer nachhaltig erfolgreichen Wettbewerbsposition. In: Egger, R.; Herdin, T. [Hrsg.] (2007): *Tourismus - Herausforderung - Zukunft*. Wissenschaftliche Schriftenreihe des Zentrums für Tourismusforschung – Salzburg, Bd. 1, LIT. Wien, S. 351-363.

Statistisches Landesamt Rheinland-Pfalz (2014): *Statistische Berichte 2014, Gäste und Übernachtungen im Tourismus 2013*, http://www.statistik.rlp.de/fileadmin/dokumente/berichte/G4013_201300_1j_G.pdf [pdf] [letzter Zugriff: 10.04.2015.]

Tourist Service GmbH Deidesheim [Hrsg.] (2013): Erhebung zu Voll- und Teilzeitarbeitsplätze in der Gastronomie und in der Hotellerie in der Stadt Deidesheim.

Wöhler, K. (2011): Auch Langsamkeit findet Stadt: Tourismus und Touristen in Städten. In: Antz, C. [Hrsg.] (2011): *Slow Tourism: Reisen zwischen Langsamkeit und Sinnlichkeit*, Schriftenreihe des IMT, Meidenbauer, München, S. 175-200.

Yurtseven, H.; Kaya, O. (2011): *Slow Tourists: A Comparative Research Based on Cittaslow Principles*, American International Journal of Contemporary Research, Vol. 1 No. 2, S. 91-98.

Julian Reif

Kooperation gegen die Beschleunigung: Das Reiseverhalten in deutsche Cittaslow-Städte

1. Einleitung

„*Most vacations are so stressful nowadays,*" *[...] „It starts with the journey by plane or car, then you rush around seeing as many sights as possible. You check your email in an Internet café, you watch CNN or MTV on the hotel television. You use your mobile to check in with friends or colleagues back home. And then at the end you return more tired than when you left.*" (Honoré 2004, 38).

Der von Honoré bereits im Jahre 2004 beschriebene Zustand scheint sich in Zeiten von Smartphones und Tablets noch zu verschärfen. Das Smartphone mag bei vielen Reisenden auch im Urlaub ein ständiger Begleiter sein – besteht doch die verlockende Möglichkeit des direkten „postens" von Urlaubsbildern in sozialen Netzwerken, um Familie und Freunden den aktuellen Status mitteilen zu können. Durch diese soziale Vernetzung und den technischen Fortschritt kommt es zu einer Vermischung von Urlaubs- und Alltagswelt, welche dazu führen kann, auch im Urlaub unter einem gewissen zeitlichen Druck zu stehen. Ein „Abhaken der sights" (Hennig 1999, 23) im Urlaub kann ebenfalls dazu führen, dass Reisende nach dem Urlaub gestresster sind als zuvor. Der Jenaer Soziologe Hartmut Rosa bezeichnet dieses Phänomen als „Temporalinsolvenz" (Rosa 2012a, 1), als eine zeitliche Bankrotterklärung.

Die gesellschaftlichen Rahmenbedingungen der Postmoderne, wie die zunehmende Beschleunigung und eine mediale und technische Übersättigung, bringen neue Formen des Reisens und neue Bedürfnisse in der Freizeit hervor (Leder 2006 und 2013). Um den allgegenwärtigen Tendenzen von Beschleunigung und Gleichzeitigkeit zumindest temporär zu entfliehen, lässt sich ein Gegentrend beobachten: Slow Tourism rückt das „Reisen zwischen Langsamkeit und Sinnlichkeit" (Antz/Eisenstein/Eilzer 2011) in den Fokus. Dass der Trend zur Entschleunigung bekannter wird, zeigen aktuelle Marktforschungsstudien. Im Rahmen einer Befragung aus dem Jahr 2011 antworteten 34% der repräsentierten 52,8 Mio. Personen aus Deutschland, dass ihnen der Slow Trend, der Trend zur Langsamkeit bzw. zur Entschleunigung, bekannt sei (Koch/Eisenstein/Eilzer 2011, 42). Bei der

Wiederholung der Studie 2012 hat sich der Anteil auf 41% bzw. um 7 Prozentpunkte erhöht (Institut für Management und Tourismus 2012).

Koch, Eisenstein und Eilzer (2011, 41) weisen darauf hin, dass es im Hinblick auf die zunehmende Bedeutung des Slow Trends in der Gesellschaft zu wenig empirisch-gestützte Studien in diesem Feld gibt. Der Fokus der Forschung lag zudem bisher nicht auf der Untersuchung des Slow-Touristen (Heitmann/Robinson/Povey 2011). So sind Studien, die sich dem Reiseverhalten des Slow-Touristen widmen, zumindest in der deutschsprachigen Tourismusforschung, deutlich unterrepräsentiert. Zu jung ist das Thema, so dass sich bisherige Publikationen zunächst der Begriffserklärung, der Einordnung und Entstehung sowie der Ausprägungen des Phänomens Slow Tourism widmen (Antz/Eisenstein/Eilzer 2011; Fullager/Markwell/Wilson 2012).

Ziel des vorliegenden Artikels ist es, auf Basis von Daten aus dem GfK/IMT DestinationMonitor Deutschland (GfK SE/Eisenstein 2014) das Reiseverhalten von Urlaubern in deutsche Cittaslow-Städte zu untersuchen. Bei der Kooperation der Cittaslow-Städte handelt es sich um einen weltweiten Zusammenschluss von Kleinstädten, welche sich einer nachhaltigen Stadtentwicklung verpflichtet fühlen und unter der Bewahrung kultureller und regionaler Besonderheiten sowie einer entschleunigten Lebensweise, die Lebens- und Aufenthaltsqualität in den Städten zu verbessern versuchen (vgl. Artikel Dörr und Wemhoener in diesem Band). Formen des Slow Tourism lassen sich sicherlich auch in anderen Destinationen beobachten. Im vorliegenden Artikel wird jedoch bewusst der Fokus auf die deutschen Cittaslow-Städte gelegt, da davon ausgegangen wird, dass sich Ausprägungen des Slow-Tourism und das damit verbundene Reiseverhalten in auf Entschleunigung spezialisierte Destinationen besonders gut nachweisen lässt. Konkret soll aufgezeigt werden, ob es Unterschiede in den Aktivitäten, Reiseanlässen und dem soziodemografischen Profil von Cittaslow-Touristen im Vergleich zu allen Urlaubern in Deutschland gibt. Zudem wird diskutiert, ob die Cittaslow-Städte als Entschleunigungsoasen begriffen werden können, in denen Urlauber verstärkt Aktivitäten des Slow Tourism nachgehen können. Dabei wird der „Cittaslow-Tourist" im Rahmen der vorliegenden Arbeit wie folgt definiert: Deutschsprachige Person, welche in den Jahren 2012 oder 2013 mindestens eine Urlaubsreise[1] in eine durch das

---

1 Urlaubsreise: Übernachtungsreisen mit einem Urlaubs- oder sonstigen Freizeitreiseanlass. Integrierte Reiseformen: Reine Urlaubsreisen; Freizeitreisen/Ausflugsfahrten (ohne besonderer privater oder sonstiger Anlass).

Cittaslow-Netzwerk zertifizierte deutsche Stadt mit mindestens einer Übernachtung unternommen hat.

2. Theoretische Grundlagen

2.1 Die Kooperation der Cittaslow-Städte

Der Ursprung von Cittaslow liegt in der Slow Food Bewegung. Im Jahre 1989 gegründet, ist die Slow Food Bewegung seit 1992 auch in Deutschland aktiv und hat mittlerweile über 12.000 Mitglieder, welche sich in rund 80 lokalen Gruppen deutschlandweit organisiert haben (Slow Food Deutschland o.J.a). In einer durch die Globalisierung geprägten Welt hat sich die Bewegung zum Ziel gesetzt, die „Geographie eines Produktes" (Rösch 2013, 87) wieder in den Mittelpunkt zu stellen. Die Initiative hat sich zum Ziel gesetzt, sich gegen eine anonyme und standardisierte Massenproduktion von Lebensmitteln einzusetzen, wobei regionale Rezepte und eine nachhaltige Produktion im Vordergrund stehen. Zudem wird der bewusste Genuss und die soziale Funktion des Essens von der Bewegung betont (Mayer/Knox 2009, 211). Das Slow Food Manifest aus dem Jahr 1989 drückt das Ziel der Bewegung wie folgt aus: „Als Antwort auf die Verflachung durch Fastfood entdecken wir die geschmackliche Vielfalt der lokalen Gerichte" (Slow Food Deutschland, o.J.b). Die Ideen von Slow Food wurden im Jahr 1999 von den Bürgermeistern der italienischen Städte Greve, Orvieto, Bra und Positano auf Stadtentwicklungskonzepte übertragen (Mayer/Knox 2009, 212). Heute handelt es sich bei Cittaslow um eine internationale Kooperation von Städten, welche sich der Wahrung und Stärkung der Regionalkultur auf Basis der Agenda 21 verpflichtet fühlen (Cittaslow Deutschland o.J.a). Seit der ersten Zertifizierung von 28 Städten in Italien (Mayer/Knox 2012, 214) im Jahr 2001 verbreitet sich die Idee der Bewegung und weist bereits 187 zertifizierte Cittaslow-Städte in 28 Ländern weltweit vor, darunter zwölf Städte in Deutschland (Cittaslow International 2014). Cittaslow-Städte dürfen nicht mehr als 50.000 Einwohner haben, müssen sich anhand eines Kriterienkataloges selbst evaluieren, um von einem Komitee der Cittaslow-Städte zertifiziert und nach vier Jahren rezertifiziert zu werden (Mayer/Knox 2009, 212). Die Städte werden nach folgenden sieben Kriterien bewertet:

Tab. 1: Kriterien der Cittaslow-Städte[2]

Kriterium	Maßnahmen (Auswahl)
Umweltpolitik	• Nutzung alternativer bzw. regenerativer Energien • Einführung eines Umweltmanagementsystems
Infrastrukturpolitik	• Förderung von städtischer Barrierefreiheit • Erhalt von Einrichtungen zur Grundversorgung (u.a. Einzelhandel)
Urbane Qualität	• Wiederherstellung von historischen Stadtkernen • Denkmalpflege
Aufwertung der autochthonen Erzeugnisse	• Veranstaltung regionaler Märkte • Förderung traditioneller Produkte der Stadt (Slow Food Gedanke)
Gastfreundschaft	• Servicequalität, qualitätsorientierter, sanfter Tourismus • Slow Städteführungen
(Cittaslow-) Bewusstsein	• Öffentlichkeitsarbeit (unter Verwendung des Logo) • Förderung der regionalen Identität
Landschaftliche Qualität	• Erhalt der Kulturlandschaft • Förderung regionaler Wirtschaftskreisläufe

Anhand des Kriteriums der „Gastfreundschaft" zeigt sich, dass dem Tourismus in den Cittaslow-Städten eine wichtige Rolle zugesprochen wird. Die weiteren Kriterien haben zumindest einen indirekten Einfluss auf den Tourismus (bspw. urbane und landschaftliche Qualität). In Bezug auf die Maßnahmen wird besonders auf einen nachhaltigen und qualitätsorientierten Tourismus gesetzt (Cittaslow Deutschland, o.J.b). Deidesheim, Cittaslow-Stadt seit 2009, setzt bspw. auf einen qualitätsorientierten Tourismus, was sich nicht zuletzt an den Beherbergungsbetrieben zeigt. Unter den im Jahr 2013 geöffneten acht Beherbergungsbetrieben der Stadt finden sich zwei 5- und zwei 4-Sterne Häuser wieder (Statistisches Landesamt Rheinland-Pfalz 2014; Tourist Service GmbH Deidesheim o.J.). Renovierte und moderne Weinstuben im barrierefrei gestalteten Stadtkern sowie das Angebot von regionalen Produkten (u.a. Saumagen)

---

2 Eigene Darstellung nach Cittaslow Deutschland, o.J.b

können eine für Touristen und Bewohner gleichermaßen attraktive Aufenthalts- und Lebensqualität schaffen.

Trotz der deutschlandweiten Verbreitung von Cittaslow-Städten (vgl. Abbildung 1), ist das Cittaslow-Label[3] bei der deutschen Bevölkerung jedoch noch weitestgehend unbekannt. Brittner-Widmann und Huhn (2010) weisen zwar am Beispiel der Cittaslow Enns (Österreich) darauf hin, dass durch die Kooperation und die Verwendung eines gemeinsamen Logos die Wiedererkennung bzw. die Erhöhung des Bekanntheitsgrades eine der Stärken bzw. Chancen des Netzwerks sei, bei der namensgestützten Abfrage der Bekanntheit von über zwanzig touristischen Qualitätssiegeln, Zertifizierungen und analogen Bezeichnungen landet das Cittaslow-Label mit einem Bekanntheitsgrad von unter 1% (entspricht etwa vier Millionen Personen) bisher jedoch noch auf dem letzten Platz (Institut für Management und Tourismus 2014a).[4] Um von den Stärken eines Qualitätssiegels profitieren zu können, muss das Netzwerk noch an der Verbesserung der öffentlichen Wahrnehmung arbeiten.

2.2 Slow Tourism und Slow-Touristen

Die aufgezeigten Schwerpunkte der Slow-Bewegung im Bereich der Kulinarik und der Stadtentwicklung lassen sich auf den Tourismus übertragen. Ähnlich wie Slow Food wird bei Slow Tourism mehr Wert auf die Qualität weniger, dafür tiefgehender und intensiver Erfahrungen gelegt (Heitmann/Robinson/Povey 2011, 117). In der Literatur lassen sich verschiedenste Aktivitäten und Urlaubsformen unter dem Dach des Slow Tourism ausmachen.

Tab. 2: Ausgewählte Aktivitäten und Reiseformen des Slow Tourism

Aktivität/Tourismusform	Quelle
Kanuwandern	Rein/Schmidt 2011
Fahrtensegeln	May 2012
Tierbeobachtung	Linne 2011
Kulturtourismus	Wollesen 2011

---

3   Eine orangefarbene Schnecke mit einer stilisierten Stadt auf dem Rücken.
4   n=1.000; repräsentativ für 58,03 Mio. deutschsprachige Personen im Alter von 16 bis 70 Jahren. Fragestellung: „Welche der folgenden touristischen Qualitätssiegel, Zertifizierungen bzw. analoge Bezeichnungen kennen Sie, wenn auch nur dem Namen nach?" (Mehrfachantworten möglich) (Item: Cittaslow - Vereinigung der lebenswerten Städte). Mit 38% erlangt das UNESCO Welterbe den höchsten Bekanntheitsgrad unter den abgefragten Items.

Aktivität/Tourismusform	Quelle
Wandern	Dreyer/Dürkop 2011
Fahrradfahren	Fullager 2012
Ökotourismus	Strasdas/Zeppenfeld 2011
Städtetourismus	Wöhler 2011a; Brittner-Widmann und Huhn 2010
Spiritueller Tourismus	Antz 2012
Pilgertourismus, Selbstfindung	Zehrer 2012
Mußetourismus, Relaxen, Wellness	Leder 2006, 2013
Kulinarik	Groß 2011
Nachhaltiger, ressourcenschonender Tourismus (Slow Travel)	Dickinson/Lumsdon 2010

Laut Eisenstein (2013) besitzt Slow Tourism mehrere Dimensionen und kann nicht nur einer einzelnen Reiseart zugeschrieben werden. Slow Tourism kann demnach als Überbegriff für Reisearten und Aktivitäten verstanden werden, bei denen Sinnfindung, Selbsterfahrung und Entschleunigung bzw. ein „ursprüngliches und authentisches Reiseerlebnis" (Antz 2011, 31) im Vordergrund steht. Wer sucht nun nach diesen ursprünglichen und authentischen Reiseerlebnissen?

Koch, Eisenstein und Eilzer (2011) zeigen auf, dass der Slow Trend in erster Linie bei höheren Einkommens- (> 2.500 €) und mittleren bis höheren Altersklassen (35- bis 44-Jährige und 55- bis 64-Jährige) eine Rolle spielt. Auch Heitmann, Robinson und Povey (2011, 120) legen dar, dass eher ältere, reiseerfahrene Touristen dem Slow Tourism zuzurechnen sind und beschreiben den Slow Touristen mit Hilfe verschiedener Pull-Faktoren. So seien der Genuss von lokalen Produkten (inkl. des Kennenlernens ihrer Produktionsprozesse), Körper und Seele fordernde Aktivitäten wie Radfahren und Wandern, das Lernen über die lokale Kultur sowie die persönliche Weiterentwicklung durch Sprach- und Kochkurse wichtige Motivatoren von Slow-Touristen (Heitmann/Robinson/Povey 2011). Yurtseven und Kaya (2011) kommen bei Erhebungen in der türkischen Cittaslow-Stadt Seferihisar (Provinz Izmir) zu dem Schluss, dass Cittaslow-Touristen ökologische Speisen genießen, gebildet und unabhängig sind. In Bezug auf die besuchte Region hegen sie einen hohen Anspruch, sind für den Slow-Trend offen und interessiert an der Entdeckung verschiedener Kulturen.

3. Datengrundlage und methodische Vorgehensweise

Zur Beantwortung der eingangs aufgeworfenen Fragestellung, ob es Unterschiede im Reiseverhalten von Cittaslow-Touristen im Vergleich zu allen Deutschland-Urlaubern gibt, wurde auf Daten aus dem GfK/IMT DestinationMonitor Deutschland zurückgegriffen (GfK SE/Eisenstein 2014). Bei dem Marktforschungsinstrument handelt es sich um ein Monitoring des Reiseverhaltens der deutschen Bevölkerung. Datengrundlage ist der GfK MobilitätsMonitor. Das Multi-Client Marktforschungsinstrument erhebt regelmäßig das komplette Reiseverhalten der deutschsprachigen Wohnbevölkerung ab 50 km in einer feststehenden Panelstichprobe. Monatlich werden ca. etwa 45.000 Personen zu ihrem Mobilitäts- und Reiseverhalten interviewt. Die Gewichtung und Hochrechnung der Daten erfolgt repräsentativ für 74,2 Millionen Personen in deutschsprachigen Privathaushalten (GfK SE/Eisenstein 2014).

Zur Betrachtung des Reiseverhaltens der Cittaslow-Touristen wurden Daten für diejenigen Städte ausgewertet, die im Zeitraum 2012-2013 als Cittaslow zertifiziert waren. Die nachfolgenden Daten gelten für die folgenden zwölf Orte: Bad Schussenried, Berching, Bischofsheim an der Rhön, Blieskastel, Deidesheim, Hersbruck, Lüdinghausen, Nördlingen, Penzlin, Überlingen, Waldkirch und Wirsberg. Auffallend ist die Konzentration der zertifizierten Cittaslow-Städte im Süden der Republik. In Bayern gab es im genannten Zeitraum fünf zertifizierte Städte, in Baden-Württemberg drei, in Rheinland-Pfalz, Saarland und Nordrhein-Westfalen jeweils eine. Die nördlichste Cittaslow befindet sich in Mecklenburg-Vorpommern.

Abb. 1: Zertifizierte Cittaslow-Städte in Deutschland im Zeitraum 2012-2013[5]

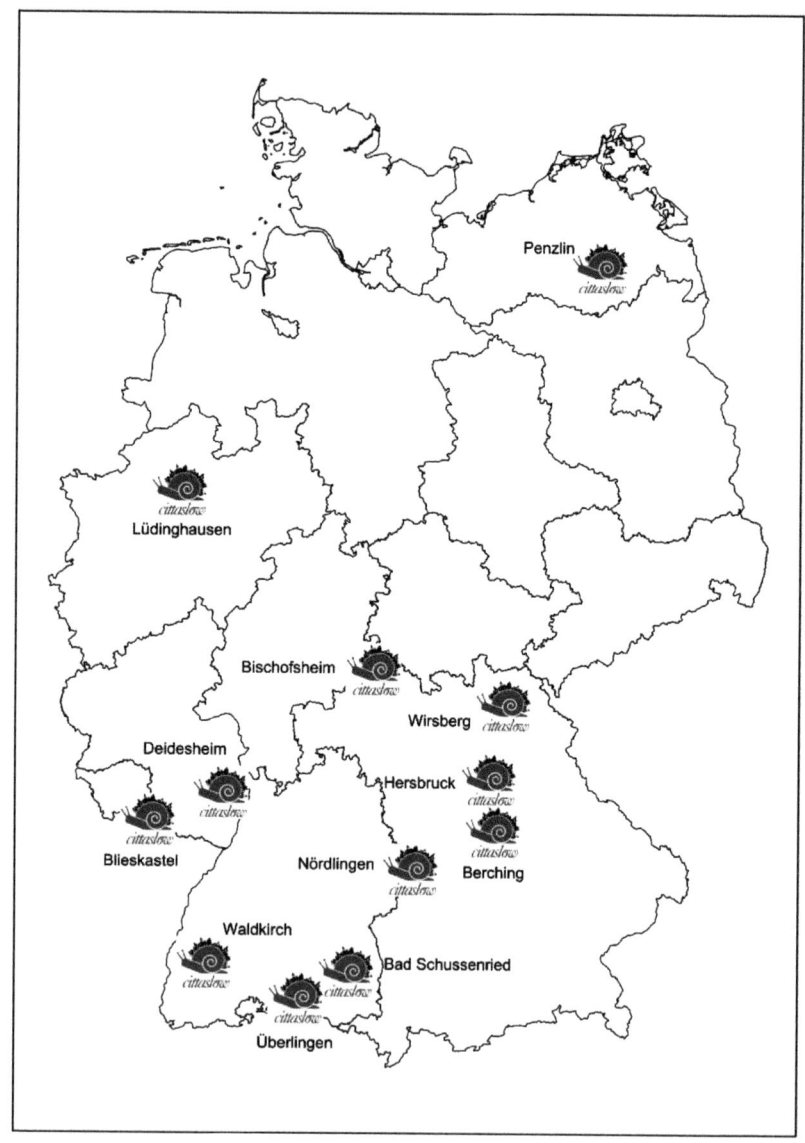

[5] Quelle: Eigene Kartendarstellung auf Basis von Wemhoener, 2014; Kartengrundlage: GfK Regiomarketing

Für die Jahre 2012-2013 konnten im Rahmen des GfK/IMT DestinationMonitor Deutschland insgesamt 302 Übernachtungsreisen und 114 Urlaubsreisen der Inländer in die Cittaslow-Städte erfasst werden.[6]

4. Untersuchungsergebnisse

4.1 Bedeutung der Urlaubsreisen in deutsche Cittaslow-Städte

Die Bedeutung des Urlaubsreisemarktes für die Cittaslow-Städte zeigt sich insbesondere im Vergleich zu den deutschlandweiten Reiseanlässen. Zwar handelt es sich bei über der Hälfte der privaten Reisen in die Cittaslow-Städte im Verlauf der Jahre 2012 und 2013 um Verwandten- und Bekanntenbesuche, jedoch stellen Urlaubsreisen mit 42% der privaten Reisen das zweitgrößte Segment dar und haben im Vergleich zu Gesamtdeutschland (Urlaubsreiseanteil von 35%) ein deutlich größeres Gewicht.

Abb. 2: Anlässe von privatmotivierten Reisen im Zeitraum 2012-2013[7]

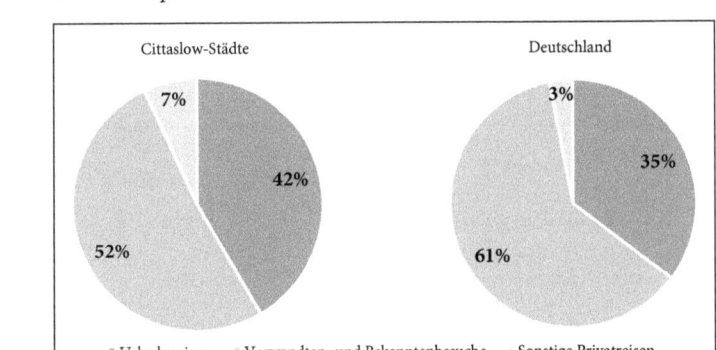

Während es sich deutschlandweit bei 51% der Urlaubsreisen um längere Reisen (ab vier Übernachtungen) handelt, liegt der Wert für die Cittaslow-Städte mit 61% deutlich höher. Der hohe Anteil an längeren Urlaubsreisen spiegelt sich auch in der durchschnittlichen Aufenthaltsdauer wider. Der Cittaslow-Urlauber verbringt

---

6 Die im Rahmen des Monitorings ermittelte Fallzahl von 114 Urlaubsreisen ist noch recht klein, jedoch für einen erstmaligen Überblick über das Reiseverhalten ausreichend. Die Reisen in die Cittaslow-Städte werden durchgehend gemessen. Durch dieses „Sammeln" der Fälle können zu einem späteren Zeitpunkt im Rahmen einer weiteren Untersuchung noch validere Aussagen getroffen werden.

7 Basis: Getätigte Privatreisen ab einer Übernachtung. Eigene Darstellung; Quelle: GfK SE/Eisenstein, 2014

im Schnitt 6,2 Nächte bei seiner Urlaubsreise vor Ort, während die Aufenthaltsdauer bei Urlaubsreisen deutschlandweit 5,1 Nächte beträgt.

4.2 Aktivitäten und Reiseformen des Cittaslow-Touristen

Bei der Frage, welche Aktivitäten bei der Reise die wichtigste Rolle gespielt haben (Mehrfachantworten waren möglich), gaben 76% der Gäste an, kulturelle und historische Sehenswürdigkeiten besucht zu haben. Gleichwohl spielt die Suche nach dem Naturerlebnis ebenfalls eine wichtige Rolle: Fast zwei Drittel der Gäste (64%) gaben an, dass der Aufenthalt in der Natur einer der wichtigsten Aktivitäten während des Urlaubs in einer Cittaslow-Stadt gewesen ist. Wandern gilt als eine der Aktivitäten, welche in besonderem Maße dem Slow Tourism zugeschrieben wird (Dreyer/Dürkop 2011). Eine Analyse des deutschen Wandermarktes kommt zu dem Ergebnis, dass vor allem die „innenorientierten Motive" beim Wandern zunehmen (Project M GmbH 2014, 12). Demnach finden sich Motive, welche als unmittelbare Gegenstrategien zu der wachsenden Beschleunigung des Alltags interpretiert werden können, unter den Top-10 Motiven der Wanderer wieder.

Abb. 3: *Top 10 Motive zum Wandern*[8]

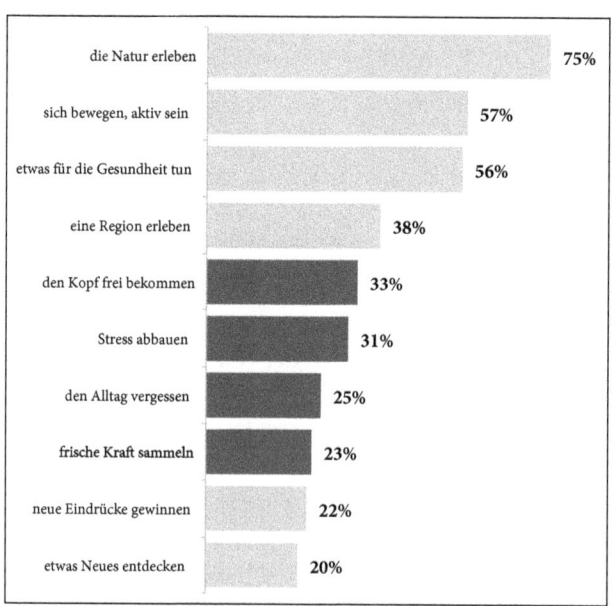

---

8   Basis: n=1.621 Wanderer; Eigene Darstellung; Quelle: GfK SE/Eisenstein, 2013.

Die nach innen gerichteten Motive der Wanderer („bei Sich-selbst-sein") spielen vor allem bei den Altersklassen 30 bis 59 Jahre eine bedeutende Rolle (Project M GmbH 2014, 14). Bei den untersuchten Cittaslow-Reisen nimmt das Wandern ebenfalls eine zentrale Rolle ein und steht bei den wichtigsten Aktivitäten während des Urlaubs auf dem dritten Platz. Der Anteil der Urlaubsreisen, bei denen gewandert wird, ist mit 36% im Vergleich zum Bundeschnitt mit 27% zudem deutlich überdurchschnittlich.

Neben dem Wunsch nach Entschleunigung nehmen Relaxen und Wellness eine immer wichtigere Rolle bei der Behandlung von Zivilisationskrankheiten im Leben der Menschen ein (Leder 2013, 23). Im Vergleich zu Deutschland zeigt sich bei den Cittaslow-Städten eine überproportionale Nutzung von Wellnessangeboten: Bei 16% der Urlaubsreisen haben Wellnessangebote eine wichtige Rolle gespielt. Das Urlaubsthema „kulinarische/gastronomische Spezialitäten genießen", welches bundesweit mit 36,0 Mio. Personen das drittgrößte Interessentenpotenzial bei den Deutschen für einen Urlaub mit mindestens einer Übernachtung besitzt (nach „Sich in der Natur aufhalten" (40,7 Mio.) und „Städtereise" (37,3 Mio.)) (Institut für Management und Tourismus 2014b), hat auch in den Cittaslow-Städten einen hohen Stellenwert. Der „Genuss von typischen Speisen und Getränken" ist bei 26% der Reisen von Wichtigkeit (Platz 6). Der im Bundesschnitt liegende Wert ist insofern interessant, da ex ante angenommen wurde, dass sich gerade in den aus der Slow Food-Bewegung entstandenen Cittaslow-Städten und dem damit verbundenen Konsum von regionaltypischen Produkten eine überdurchschnittliche Ausprägung dieser Aktivität hätte zeigen müssen.

Abbildung 4 fasst die Aktivitäten bei Urlaubsreisen in die Cittaslow-Städte im Vergleich zu allen Urlaubsreisen in Deutschland zusammen. Grundsätzlich lässt sich bei den Cittaslow-Städten eine ähnliche Reihenfolge der beliebten Urlaubsaktivitäten feststellen, jedoch mit stärkeren Ausprägungen bei den Aktivitäten Besuch von kulturellen/historischen Sehenswürdigkeiten, Aufenthalt in der Natur, Wandern, Zeit mit der Familie verbringen, Wellnessangebote nutzen und Radfahren. Event- und erlebnisorientierte Aktivitäten hingegen sind in den Cittaslow-Städten deutlich unterrepräsentiert.

Abb. 4: Aktivitäten der inländischen Cittaslow-Urlauber im Vergleich zum Bundesschnitt im Zeitraum 2012-2013[9]

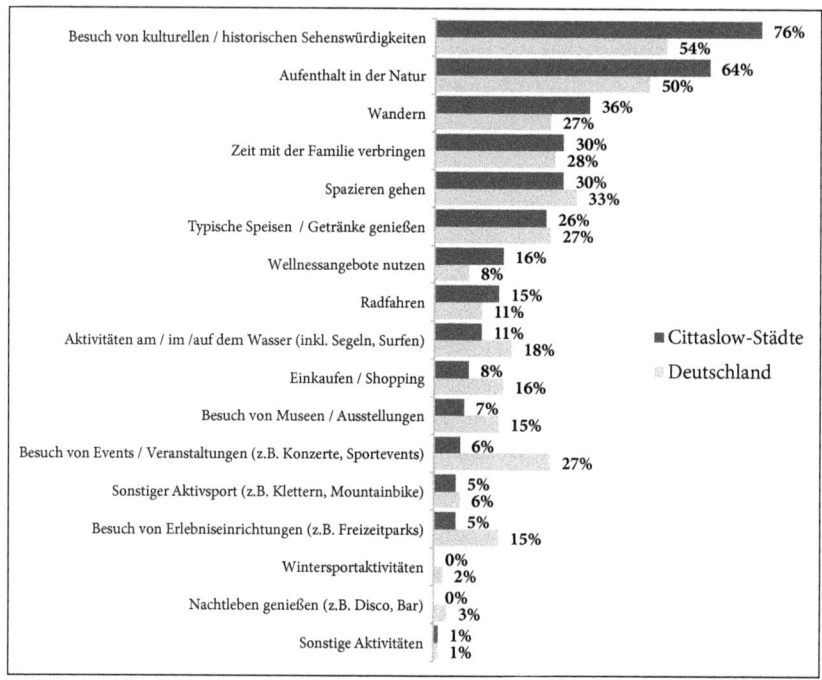

Wird nach dem Hauptreiseanlass der Cittaslow-Touristen gefragt, so handelt es sich bei 22% der Reisen um „Urlaube auf dem Land bzw. in den Bergen" und damit um den Hauptreiseanlass. Auch Groß (2011, 228) sieht im Landtourismus ein lohnenswertes Themenfeld für die Cittaslow-Städte. Dies ist insofern bemerkenswert, als dass das Hauptinteresse der Urlauber demnach nicht im Erleben oder Erkunden der Stadt liegt, sondern dass Urlaube *in* der Stadt als *Land*urlaube deklariert werden. Während es sich deutschlandweit bei knapp jeder fünften Urlaubsreise um eine Städtereise handelt, bilden Städtereisen in den Cittaslow-Städten mit 7% der Reisen nur den drittgrößten Reiseanlass. Das Bundesministerium für Verkehr, Bau und Stadtentwicklung weist auf eine „Scharnierfunktion" (Bundesministerium für Verkehr, Bau und Stadtentwicklung 2013, 8) der Cittaslow-Städte

---

9   Basis: Urlaubsreisen ab einer Übernachtung (Mehrfachantworten möglich). Fragestellung: „Welche Aktivitäten haben auf der Reise die wichtigste Rolle gespielt?"; Eigene Darstellung; Quelle: GfK SE/Eisenstein, 2014

im Zentrengefüge der Agglomerationen hin und schreibt ihnen eine Art Entlastungsfunktion zu. Die Daten zeigen, dass durch die Schaffung von Möglichkeiten zum Ausüben von naturbezogenen Aktivitäten innerhalb und um die Städte herum die Cittaslow-Städte diese entlastende Funktion nicht nur in Bezug auf die Stadtentwicklung, sondern auch im Tourismus wahrnehmen können. Die Gesamtschau der naturbezogenen Reiseanlässe und Aktivitäten zeigt, dass das Naturerlebnis (im Vergleich zum Kulturerlebnis) an erster Stelle steht. Bei 81% der Reisen handelt es sich demnach um Reisen mit Naturcharakter[10], deutlich mehr als im Bundesschnitt.

Abb. 5: Urlaubsreisecharakter der Cittaslow-Urlaubsreisen ab einer Übernachtung im Vergleich zum Bundesschnitt im Zeitraum 2012-2013[11]

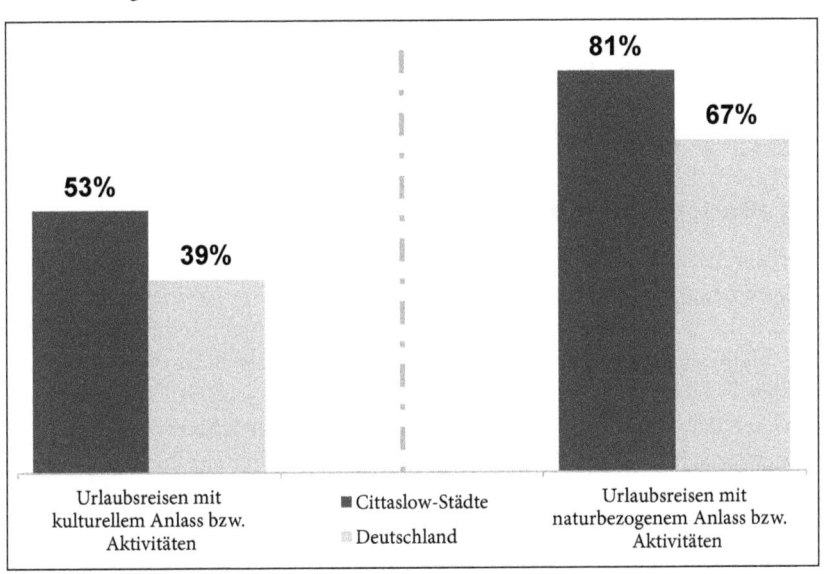

---

10 Kombination der Fragestellungen lt. Fragebogen: „Bitte nennen Sie noch den Hauptanlass, der diese Reise am besten charakterisiert."; „Welche Aktivitäten haben auf der Reise die wichtigste Rolle gespielt?" (Aktivitäten: Mehrfachantworten möglich.)
11 Basis: Urlaubsreisen ab einer Übernachtung (Mehrfachantworten möglich). Eigene Darstellung; Quelle: GfK/Eisenstein, 2014

4.3 Soziodemografie des Cittaslow-Touristen

Bei differenzierter Betrachtung der Altersklassen zeigt sich ein überdurchschnittlicher Anteil der älteren Altersgruppen: 66% der Cittaslow-Touristen sind über 50 Jahre alt (Deutschland: 49%), während der Anteil der unter 19-Jährigen Reiseteilnehmer mit 9% deutlich unter dem Bundesmittel (16%) liegt. Über die Hälfte der Gäste (53%) lebt in einem Zweipersonenhaushalt und knapp der Hälfte der Gäste (49%) steht ein monatliches Haushaltsnettoeinkommen von über 3.250 € zur Verfügung. Die höheren Einkommensklassen sind demnach deutlich überrepräsentiert (Deutschland: 38%). Zudem ist die Ausgabebereitschaft der Cittaslow-Urlauber höher. Während bundesweit die Deutschen im Schnitt rund 318 € für ihre Urlaubsreise vor Ort ausgaben, wurde für Urlaubsreisen in die Cittaslow-Städte mit 401 € pro Person und Reise deutlich mehr ausgegeben. Nicht nur im Einkommen und bei der Ausgabebereitschaft, sondern auch im Bildungsgrad lassen sich deutliche Unterschiede feststellen. 45% der Urlauber haben einen akademischen Hintergrund, während deutschlandweit nur 37% der Urlaubsreisenden einen Hochschulabschluss besitzen.

5. Cittaslow-Städte als Entschleunigungsoasen

Nach der Analyse der Aktivitäten und Reiseanlässe der Cittaslow-Touristen lassen sich die Cittaslow-Städte als Entschleunigungsoasen für Touristen konzeptualisieren. Rosa (2012b, 149) sieht Klosteraufenthalte oder Meditationskurse als Entschleunigungsoasen an. Sie sollen dem Besucher als „künstliche Entschleunigungsoasen zum »Auftanken« und »Durchstarten«" (ebd. 2012b, 149) dienen. Künstlich (im Sinne von trügerisch) deswegen, da es sich hierbei um Strategien handelt, welche explizit dazu dienen, nach der Wiederkehr aus der Oase, das Berufs- und Alltagsleben „schneller [...] zu bewältigen" (ebd. 2012b, 149). Sie stellen demnach Methoden zur „Beschleunigung-durch-Verlangsamung" (ebd. 2012b, 149) dar. Rosa weist in diesem Zusammenhang darauf hin, dass Klosteraufenthalte auch als gänzlich entschleunigte Lebensform verstanden werden können und demnach nicht als Oase zum Auftanken, sondern gleichsam als postmoderne Gegenbewegung (ebd. 2012b, 149). Für Wöhler ist die Cittaslow-Bewegung ein Beispiel für eine solche ideologische Entschleunigungs- bzw. „antimodernistische Bewegung" (Wöhler 2011a, 177). So kann Wöhler gefolgt werden, in dem Slow Food, Slow Tourism und Cittaslow als Bewegungen, postmoderne Gegenbewegungen der Beschleunigung und Globalisierung darstellen. Als Kleinstädte jedoch können in Anlehnung an Rosa (2012b) und das RETURN-Modell von Leder (2006) die Cittaslow-Städte als manifestierte Entschleunigungsoasen begriffen werden. Den von Leder (2006) aufgezeigten neuen Bedürfnissen nach Entschleunigung im Urlaub wird in den Cittaslow-Städten nach den dargestellten Ergebnissen überdurchschnittlich nachgegangen. Wöhler spricht in diesem Zusammenhang von „besseren Räumen" bzw. von einer „Dekontextualisierung" (Wöhler 2011b, 61). Touristen können sich demnach am Urlaubsort aufgrund fehlender Zwänge des Alltagsortes frei fühlen. Cittaslow-Städte können diesen anderen, „besseren" Raum repräsentieren, indem Sie als Gegenentwurf zur Globalisierung dienen, ohne dabei rückwärtsgewandt oder gar verschlossen gegenüber einer Modernisierung zu sein (Knox/Mayer 2009, 214). Eine Rückkehr in das Alltagsleben ist für den Touristen unvermeidbar. Zumindest für eine kurze Zeit kann das Berufs- und Alltagsleben nach dem „Auftanken" wieder schneller und besser bewältigt werden, bis eine mögliche erneute Übersättigung stattfindet und wiederum eine Auszeit in der Entschleunigungsoase Cittaslow bevorsteht.

Abb. 6: Entschleunigungsoase Cittaslow[12]

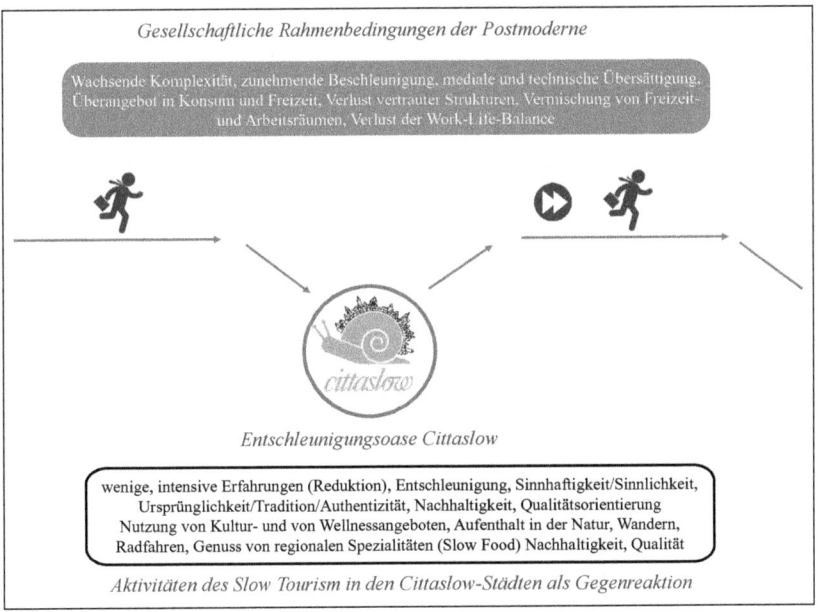

---

12 Eigene Darstellung in Anlehnung an Leder, 2006; Icons made by Freepik from Flaticon.com

12. Fazit und Ausblick

Ein beschleunigtes Alltagsleben verlangt nach Gegenstrategien des Auftankens und Erholens. Der so genannte Slow-Trend bzw. der Trend zur Langsamkeit nimmt an Bekanntheit in der Gesellschaft zu. Auf Basis von Daten des GfK/IMT DestinationMonitor Deutschland konnte das Reiseverhalten deutscher Urlauber in die Cittaslow-Städte erstmals untersucht werden. Aktivitäten, die dem Slow Tourism zugeschrieben werden, werden im Vergleich zu allen Urlaubsreisen der Deutschen im Untersuchungszeitraum in den Cittaslow-Städten überdurchschnittlich häufig praktiziert. Das Erleben der Natur stellt dabei einer der zentralen Faktoren dar. Cittaslow-Touristen sind überwiegend älter, wohlhabend und gut gebildet und stammen überdurchschnittlich aus Zweipersonenhaushalten. Die deutschen Cittaslow-Städte können als Oasen der Entschleunigung angesehen werden, in denen Touristen das Verlangen nach einem anderen, von den Zwängen des beschleunigten Alltagslebens befreienden Raum befriedigen können. Durch die nach Innen orientierten Aktivitäten wie das Naturerleben und Wandern wird aufgetankt, um dem beschleunigten Alltagsleben wieder entgegen treten zu können.

Zukünftig gilt es, die empirische Datenbasis der Urlaubsreisen in die Cittaslow-Städte weiter zu festigen, um einen tieferen Einblick in das Reiseverhalten zu erhalten. Mit Hilfe von qualitativen Interviews sollte zukünftig das touristische Erleben vor Ort sowie Motive und Empfindungen der Cittaslow-Touristen während ihres Aufenthaltes eingehender untersucht werden.

Literaturverzeichnis

Antz, Chr. (2011): Slow Tourism: Eine Zukunft des Reisens zwischen Langsamkeit und Sinnlichkeit. In: Antz, Chr./Eisenstein, B./Eilzer, Chr. (Hrsg.): *Slow Tourism. Reisen zwischen Langsamkeit und Sinnlichkeit*. München. 9-39.

Antz, Chr./Eisenstein, B./Eilzer, Chr. (Hrsg.) (2011): *Slow Tourism. Reisen zwischen Langsamkeit und Sinnlichkeit*. München. (= Schriftenreihe des IMT 6).

Antz, Chr. (2012): Im guten Glauben – Spiritueller Tourismus als Reisemarkt der Zukunft. In: Hopfinger, H./Pechlaner, H./Schön, S./Antz, Chr. (Hrsg.): *Kulturfaktor Spiritualität und Tourismus: Sinnorientierung als Strategie für Destinationen*. Berlin. 225-250. (= Schriften zu Tourismus und Freizeit Band 14).

Brittner-Widmann, A./Huhn, V. (2010): Das „Cittaslow-Konzept" – Entschleunigung zur Förderung des Städte- und Kulturtourismus. In: Kagermeier, A./Raab, F. (Hrsg.): *Wettbewerbsvorteil Kulturtourismus. Innovative Strategien und Produkte*. Berlin. 239-253.

Bundesministerium für Verkehr, Bau und Stadtentwicklung (Hrsg.) (2013): *Lokale Qualitäten, Kriterien und Erfolgsfaktoren nachhaltiger Entwicklung kleiner Städte – Cittaslow* [pdf]. http://www.bbsr.bund.de/BBSR/DE/Veroeffentlichungen/BMVBS/Sonderveroeffentlichungen/2013/DL_Cittaslow.pdf?__blob=publicationFile&v=2 (letzter Zugriff: 20.05.2014).

Cittaslow Deutschland (o.J.a): *cittaslow – Eine internationale Vereinigung der lebenswerten Städte.* [online], http://www.cittaslow-deutschland.de/index.php?cittaslow (letzter Zugriff: 07.06.2014).

Cittaslow Deutschland (o.J.b): *Kriterien zur Bewertung der cittàslow/slowcity - Bewegung.* [online], http://www.cittaslow-deutschland.de/index.php?kriterien (letzter Zugriff: 08.06.2014).

Cittaslow International (2014): *Cittaslow International Network – List April 2014:* [pdf], http://www.cittaslow.org/download/DocumentiUfficiali/CITTASLOW_LIST_april_2014_PDF.pdf (letzter Zugriff: 07.06.2014).

Dickinson, J./Lumsdon, L. (2010): *Slow Travel and Tourism.* Abingdon, New York.

Dreyer, A./Dürkop, D. (2011): Slow Hiking – neue Langsamkeit im Wandertourismus? In: Antz, Chr./Eisenstein, B./Eilzer, Chr. (Hrsg.): *Slow Tourism. Reisen zwischen Langsamkeit und Sinnlichkeit.* München. 105-122.

Eisenstein, B. (2013): *Reisetrend „Slow Tourism" – Empirische Befunde.* Vortrag im Rahmen der Tagung „Slow Tourism in Schleswig-Holstein – Gelassenheit als Souvenir. Potenziale, Konzepte und Perspektiven" an der Fachhochschule Westküste am 04.02.2013 [pdf]. http://www.ihk-schleswig-holstein.de/linkableblob/swhihk24/servicemarken/branchen/downloads/sonstiges/2299412/.5./data/Praesentation_Prof_Dr_Eisenstein_FHW-data.pdf (letzter Zugriff: 07.06.2014)

Fullagar, S. (2012): Gendered Cultures of Slow Travel: Women's Cycle Touring as an Alternative Hedonism. In: Fullagar, S./Markwell, K./Wilson, E. (Hrsg.): *Slow Tourism. Experiences and Mobilities.* Bristol, Tonawanda, North York. 99-112.

Fullagar, S./Markwell, K./Wilson, E. (Hrsg.) (2012): *Slow Tourism. Experiences and Mobilities.* Bristol, Tonawanda, North York.

GfK SE/Eisenstein, B. (Hrsg.) (2013): GfK/IMT DestinationMonitor Deutschland (Reiseplanungen) 2013. Nürnberg, Groß Grönau.

GfK SE/Eisenstein, B. (Hrsg.) (2014): *GfK/IMT DestinationMonitor Deutschland – Sonderanalyse Cittaslow.* Nürnberg, Groß Grönau.

Groß, M. (2011): Genuß im Tourismus: Slow Food und andere kulinarische Genußformen mit touristischer Bedeutung. In: Antz, Chr./Eisenstein, B./Eilzer, Chr. (Hrsg.): *Slow Tourism. Reisen zwischen Langsamkeit und Sinnlichkeit.* München. 217-239.

Heitmann, S./Robinson, P./Povey, G. (2011): Slow Food, Slow Cities and Slow Tourism. In: Robinson, P./Heitmann, S./Dieke, P. (Hrsg.): *Research Themes for Tourism*. Oxfordshire, Cambridge. 114-127.

Hennig, Chr. (1999): *Reiselust. Touristen, Tourismus und Urlaubskultur*. Frankfurt am Main. Leipzig.

Honoré, C. (2004): *In Praise of Slow: How a Worldwide Movement Is Challenging the Cult of Speed*. London.

Institut für Management und Tourismus (IMT) (Hrsg.) (2012): *Erhebung zum Reisetrend Slow Tourism*. Heide/Holstein.

Institut für Management und Tourismus (IMT) (Hrsg.) (2014a): *Erhebung zu Qualitätssiegeln im Tourismus*. Heide/Holstein.

Institut für Management und Tourismus (IMT) (Hrsg.) (2014b): *Destination Brand 13 – Die Themenkompetenz deutscher Reiseziele*. Heide/Holstein.

Koch, A./Eisenstein, B./Eilzer, Chr. (2011): Reisetrend „Slow Tourism": Ausgewählte empirische Befunde. In: Antz, Chr./Eisenstein, B./Eilzer, Chr. (Hrsg.): *Slow Tourism. Reisen zwischen Langsamkeit und Sinnlichkeit*. München. 41-54.

Linne, M. (2011): Watch and slow down – Tierbeobachtungen als Art des entschleunigten Reisens. In: Antz, Chr./Eisenstein, B./Eilzer, Chr. (Hrsg.): *Slow Tourism. Reisen zwischen Langsamkeit und Sinnlichkeit*. München. 79-90.

Leder, S. (2006): *Neue Muße im Tourismus. Eine Untersuchung von Angeboten mit den Schwerpunkten Selbstfindung und Entschleunigung*. Paderborn. (= Paderborner Geographische Studien zur Tourismusforschung und Destinationsmanagement 21).

Leder, S. (2013): Muße und Selbstfindung im Urlaub. In: Quack, H.-D./K. Klemm (Hrsg.): *Kulturtourismus zu Beginn des 21. Jahrhunderts*. München. 19-31.

May, C. (2012): *Raum, Tourismus, Kultur. Die Konstruktion des Tourismusraumes „Dänische Südsee"*. München. Wien. (= Eichstätter Tourismuswissenschaftliche Beiträge 13).

Mayer, H./Knox, P.L. (2009): Cittaslow: ein Programm für nachhaltige Stadtentwicklung. In: Popp, H./G. Obermaier (Hrsg.): *Raumstrukturen und aktuelle Entwicklungsprozesse in Deutschland*. Bayreuth. 207-221. (= Bayreuther Kontaktstudium Geographie 5)

Project M GmbH (Hrsg.) (2014): *Wanderstudie. Der deutsche Wandermarkt 2014*. Berlin.

Rein, H./Schmidt, M. (2011): Kanuwandern – Entschleunigung auf dem Wasser am Beispiel Kanutourismus auf der Peene. In: Antz, Chr./Eisenstein, B./Eilzer, Chr. (Hrsg.): *Slow Tourism. Reisen zwischen Langsamkeit und Sinnlichkeit*. München. 91-104.

Rösch, J. (2013): Gutes Einverleiben. Slow Food als Beispiel für ethisch-verantwortlichen Konsum. In: Schmid, H./Gäbler, K. (Hrsg.): *Perspektiven sozialwissenschaftlicher Konsumforschung*. Stuttgart. 5-90. (= Sozialgeographische Bibliothek 16).

Rosa, H. (2012a): *Tut mir leid, ich bin zahlungsunfähig. Reflexionen über die Temporalinsolvenz*. In: Unimagazin 03/04, 2012. Hannover [pdf], http://www.uni-hannover.de/imperia/md/content/alumni/unimagazin/2012_zeit/netz07_rosa.pdf (letzter Zugriff: 17.05.2014).

Rosa, H. (2012b): *Beschleunigung. Die Veränderung der Zeitstrukturen in der Moderne*. Frankfurt am Main.

Slow Food Deutschland (o.J.a): *Wir über uns. Slow Food Deutschland – Der Verein*. [online], http://www.slowfood.de/wirueberuns/slow_food_deutschland/der_verein/(letzter Zugriff: 07.06.2014).

Slow Food Deutschland (o.J.b): *Wir über uns. Der internationale Verein*. [online], http://www.slowfood.de/wirueberuns/slow_food_weltweit/gruendungsmanifest/(letzter Zugriff: 07.06.2014).

Strasdas, W./Zeppenfeld, R. (2011): Naturtourismus und Ökotourismus. In: Antz, Chr./Eisenstein, B./Eilzer, Chr. (Hrsg.): *Slow Tourism. Reisen zwischen Langsamkeit und Sinnlichkeit*. München. S. 55-77.

Statistisches Landesamt Rheinland-Pfalz (2014): *Gäste und Übernachtungen im Tourismus 2013*. Mainz [pdf] http://www.statistik.rlp.de/fileadmin/dokumente/berichte/G4013_201300_1j_G.pdf (letzter Zugriff: 31.05.2014).

Tourist Service GmbH Deidesheim (o.J.): *Urlaubsregion Deidesheim – Hotels*. [online], http://www.deidesheim.de/de/gastlich/hotels.html (letzter Zugriff: 31.05.2014).

Wemhoener, S. (2014): *Auskunft per Mail über Cittaslow zertifizierte Städte in den Jahren 2012-2013*. Mail vom 31.01.2014.

Wöhler, K. (2011a): Auch Langsamkeit findet Stadt: Tourismus und Touristen in Städten. In: Antz, Chr./Eisenstein, B./Eilzer, Chr. (Hrsg.): *Slow Tourism. Reisen zwischen Langsamkeit und Sinnlichkeit*. München. 175-200.

Wöhler, K. (2011b): *Touristifizierung von Räumen: Kulturwissenschaftliche und soziologische Studien zur Konstruktion von Räumen*. Wiesbaden.

Wollesen, A. (2011): Slow Tourism – Eine Chance für den Kulturtourismus? In: Antz, Chr./Eisenstein, B./Eilzer, Chr. (Hrsg.): *Slow Tourism. Reisen zwischen Langsamkeit und Sinnlichkeit*. München. 137-162.

Yurtseven, H.R./Kaya, O. (2011): *Slow Tourists: A Comparative Research Based on Cittaslow Principles*. In: American International Journal of Contemporary Research Vol. 1, No. 2 (2011). [pdf] http://www.aijcrnet.com/journals/Vol_1_No_2_September_2011/12.pdf (letzter Zugriff: 31.05.201).

Zehrer, A. (2012): Pilgertourismus im Alpenraum – Charakterisierung von Pilgertouristen anhand von Vacation Styles. In: Hopfinger, H./Pechlaner, H./ Schön, S./Antz, Chr. (Hrsg.): *Wirtschaftsfaktor Spiritualität und Tourismus: Ökonomisches Potenzial der Werte- und Sinnsuche.* Berlin. 89-109. (= Schriften zu Tourismus und Freizeit Band 13).

Autorenverzeichnis

Manfred Dörr ist gebürtiger Deidesheimer. Nach abgeschlossenem Lehramtsstudium arbeitete er als Lehrer an diversen Bildungseinrichtungen in Rheinland-Pfalz. Nach langjähriger Funktion im Stadtrat, u.a. als Fraktionsvorsitzender und Beigeordneter, ist er seit 2004 Bürgermeister der Stadt Deidesheim. Als Präsident der Vereinigung cittaslow Deutschland setzt sich Manfred Dörr für die Weiterentwicklung des cittaslow-Gedankens sowie dessen qualitätsorientierte Umsetzung in Deidesheim sowie den Städten des Netzwerkes ein.

Christian Eilzer, Studium International Tourism Management (Master of Arts), BWL-Studium (Dipl.-Kfm. FH), Projekttätigkeit für die inspektour GmbH, von 2004 bis 2006 wissenschaftlicher Mitarbeiter im Studiengang International Tourism Management (ITM) der Fachhochschule Westküste, ab 2006 an der Hochschule Mitarbeiter im Institut für Management und Tourismus (IMT) sowie seit 2009 Geschäftsführer des Fachbereichs Wirtschaft der Fachhochschule Westküste.

Prof. Dr. Bernd Eisenstein, Fachhochschule Westküste. Bernd Eisenstein ist seit 1997 Professor für Internationales Tourismusmanagement an der Fachhochschule Westküste und seit 2006 Direktor des dort ansässigen Instituts für Management und Tourismus (IMT). Nach seinem Studium zum Dipl.-Kaufmann und Dipl.-Geographen promovierte er an der Universität Trier bei Prof. Dr. Christoph Becker. Vorzugsweise in Zusammenarbeit zwischen Hochschule und Praxispartnern setzte er zahlreiche angewandte Marktforschungsprojekte um. Derzeitige Forschungsschwerpunkte sind Fragen der kooperativen Destinationsentwicklung, strategisches Tourismusmanagement und Trends der touristischen Nachfrage.

Sonja Göttel (M.A./MBA) Studium Bachelor of Business Administration (BBA hons) in Leisure and Tourism Management in Stralsund und M.A. in International Management and Intercultural Communication und Master of Business Administration (MBA) in Köln, Warschau, Dalian und Jacksonville. Mehrjährige Erfahrung als Projektmanagerin und Consultant in internationalen Projekten mit Schwerpunkten Destinationsmanagement, Regionalmarketing, Wirtschaftsförderung und Netzwerkkoordination. Seit 2012 Dozentin im Fachbereich Wirtschaft an der Fachhochschule Westküste in Heide und seit 2014 Mitarbeiterin im Institut für Management und Tourismus (IMT) der Fachhochschule Westküste.

Interessensschwerpunkte: Interkulturelles Management, Netzwerk- und Kooperationsmanagement und grenzüberschreitende Zusammenarbeit.

Rüdiger Günther, Studium der Rechtswissenschaft (Einstufige Juristenausbildung) an der Universität Hamburg; 1992 Deutsche Bundesbahn (ab 1993 Abteilungsleiter Personalabteilung Beamten- und Laufbahnrecht); 1994 bis 2001 Leiter Aufbaustab Bundeseisenbahnvermögen Außenstelle Hamburg, Sachgebietsleiter Beamten- und Laufbahnrecht sowie Aus- und Fortbildung, Justiziariat für alle Bereiche der Außenstelle, Vorsitzender diverser Sozialeinrichtungen; 1994 bis 2001 Mitglied (seit 1995 Vorsitzender) der Eisenbahnwohnungsgesellschaft Norden mbh; 2001 bis 2005 Seniorpersonalreferent und Fachberater Recht und Sozialpolitik Regionalbahn Schleswig-Holstein; seit 2005 Kanzler der Fachhochschule Westküste.

Prof. Dr. Eric Horster ist Studiengangsleiter des Online-Masterstudiengangs Tourismusmanagement sowie Professor im Studiengang International Tourism Management (ITM) der Fachhochschule Westküste in Heide. Seine Arbeits- und Forschungsschwerpunkte realisiert er im dort ansässigen Institut für Management und Tourismus (IMT) in den Bereichen Hospitality Management und digitales Tourismusmanagement.

Alexander Koch (M.A.), Studium Bachelor of Business Administration (BBA hons) in Leisure and Tourism Management in Stralsund und M.A. in International Tourism Management in Heide. Seit 2009 Projektmitarbeiter am Institut für Management und Tourismus (IMT) der Fachhochschule Westküste im Bereich Markt- und Auftragsforschung. Interessensschwerpunkte: Quantitative und qualitative Marktforschungsmethoden im Tourismus, Netzwerk- und Kooperationsmanagement sowie grenzüberschreitende Zusammenarbeit.

Julian Reif (Diplom Geograph, Fachhochschule Westküste, Heide/Holstein), Projektleiter im Institut für Management und Tourismus und Referent der Institutsleitung. Seit 2012 Lehrkraft für besondere Aufgaben im Studiengang International Tourism Management mit den Schwerpunkten Destinationsmanagement, Tourismusgeographie und qualitative Methodenlehre. Studium der Geographie, Soziologie und Ethnologie an der Universität Bonn und Fribourg (CH).

Frank Simoneit (Dipl. Geogr.): Studium der Geographie an der Westfälischen Wilhelms Universität in Münster/Westfalen mit den Nebenfächern Psychologie und Soziologie. Langjährige Erfahrung als Projektmanager in den Destinationen Münsterland und Ruhrgebiet, sowie als Consultant im Geschäftsfeld Tourismus mit den Beratungsschwerpunkten Organisationsstrukturen in Kooperationen und Marketingkonzeption. Seit 2008 Dozent an der Fachhochschule Westküste in Heide und Projektleiter am Institut für Management und Tourismus der Fachhochschule Westküste. In dieser Funktion Leitung zahlreicher Projekte, die sich mit der Konzeption, Initiierung und Umsetzung interkommunaler Kooperationen beschäftigen.

Ralf Trimborn ist geschäftsführender Gesellschafter und Gründer der inspektour GmbH mit den Schwerpunkten freizeit-touristische Studien und Konzepte, Moderation und Vorträge, Prozessbegleitung/-beratung, Marketing und Marktforschung sowie Regionalentwicklung (inkl. Fördermittelmanagement). Studium an der Fachhochschule Westküste in Heide (Holst.) und an der FernUniversität Hagen mit den Schwerpunkten Tourismus, Marketing und Kultur. Herr Trimborn ist seit 14 Jahren Berater und praxisorientierter Entwickler im Tourismus sowie Dozent an unterschiedlichen Hochschulen, Qualitätsdozent der Initiative ServiceQualität Deutschland, Mitglied im ADAC-Tourismusausschuss, Gutachter bei Akkreditierungsverfahren und Prüfer für unterschiedliche Zertifizierungssysteme. Er hat bereits weit über 200 Projekte erfolgreich bearbeitet.

Stefan Wemhoener (Dipl. Betriebswirt) studierte Wirtschaftswissenschaften an der Universität Gießen. Seit 1995 ist er Geschäftsführer der Tourist Service GmbH Deidesheim und seit 2010 Geschäftsführer der Stiftung Bürgerhospital Deidesheim. In diesen Funktionen sowie als Mitglied des Vorstands des Tourismus- und Heilbäderverbandes Rheinland-Pfalz setzt sich Stefan Wemhoener für die auf den cittaslow-Kriterien beruhende qualitätsorientierte Entwicklung des Natur- und Kulturtourismus in der Urlaubsregion Deidesheim, an der Deutschen Weinstraße und in der Pfalz ein.

Schriftenreihe des Instituts für Management und Tourismus (IMT)

Herausgegeben von der Fachhochschule Westküste

Die Bände 1-6 sind im Martin Meidenbauer Verlag erschienen und können über den Verlag Peter Lang, Internationaler Verlag der Wissenschaften, bezogen werden: www.peterlang.com.

Ab Band 7 erscheint diese Reihe im Verlag Peter Lang, Internationaler Verlag der Wissenschaften, Frankfurt am Main.

Band 7 Anja Wollesen: Die Balanced Scorecard als Instrument der strategischen Steuerung und Qualitätsentwicklung von Museen. Ein Methodentest, unter besonderer Berücksichtigung der Anforderungen an zeitgemäße Freizeit- und Tourismuseinrichtungen. 2012.

Band 8 Wolfgang Georg Arlt (Ed.): COTRI Yearbook 2012. 2012.

Band 9 Michael Lück / Jan Velvin / Bernd Eisenstein (eds.): The Social Side of Tourism: The Interface between Tourism, Society, and the Environment. Answers to Global Questions from the International Competence Network of Tourism Research and Education (ICNT). 2015.

Band 10 Bernd Eisenstein / Christian Eilzer / Manfred Dörr (Hrsg.): Kooperation im Destinationsmanagement: Erfolgsfaktoren, Hemmschwellen, Beispiele. Ergebnisse der 1. Deidesheimer Gespräche zur Tourismuswissenschaft. 2015.

www.peterlang.com

www.ingramcontent.com/pod-product-compliance
Ingram Content Group UK Ltd.
Pitfield, Milton Keynes, MK11 3LW, UK
UKHW021839140426
5217IPUK00022B/1510